Ein Platz für wilde Tiere

Naturschutz auf Grzimeks Spuren

Zoologische Gesellschaft Frankfurt (Hrsg.)
Dagmar Andres-Brümmer, Christof Schenck

Ein Platz für wilde Tiere

Naturschutz auf Grzimeks Spuren

Mit einem Vorwort von Erika und Christian Grzimek

GEO
Frederking & Thaler

Inhalt

Zum Geleit

Mit diesem Buch möchten wir Sie mitnehmen auf eine außergewöhnliche Zeit- und Weltreise. Am Beispiel der Zoologischen Gesellschaft Frankfurt, einer international tätigen Naturschutzorganisation, erleben Sie die Entwicklung und die Herausforderungen bei einer der größten Aufgaben der Menschheit: der Bewahrung der biologischen Vielfalt.

Das Erscheinungsjahr des Buches ist mit Bedacht gewählt. Es fällt zusammen mit dem 150-jährigen Jubiläum einer Organisation, die, von Bürgern gegründet, einen Zoo betrieb und sich unter der Ägide von Prof. Bernhard Grzimek zu einer weltweit aktiven Naturschutzorganisation entwickelte. Gleichzeitig wird eine der wichtigsten Konventionen der Weltgemeinschaft 15 Jahre alt: das Übereinkommen zur Biologischen Vielfalt. Außerdem ist Deutschland erstmals Gastgeber der Vertragsstaatenkonferenz mit ihren Delegationen aus mehr als 170 Ländern.

Für die Weltöffentlichkeit und die Entscheidungsträger wird immer deutlicher, dass Naturschutz kein Luxus ist und die großen Aufgaben der Menschheit wie Friedenssicherung, Bekämpfung der Armut, Klimawandel und Erhaltung der biologischen Vielfalt gemeinsam in Angriff genommen werden müssen.

Die Weltreise führt zu den schönsten und abenteuerlichsten Plätzen dieser Erde. Dorthin, wo Grzimeks Erben sich unermüdlich und oft unter hohem Risiko für den Schutz bedeutender Naturlandschaften und bedrohter Arten einsetzen. Unsere Mitarbeiter lassen Sie teilhaben an ihrem Arbeitsalltag, der nie alltäglich ist, und erläutern die Strategien, mit denen sie dem Artensterben entgegentreten.

Dagmar Andres-Brümmer und Christof Schenck aus unserer Frankfurter Zentrale haben die vielfältige Information zusammengetragen, in eine Form gegossen und durch eigene Erlebnisse vor Ort ergänzt. Herausragende Naturfotografen haben mit großem Engagement Szenen aus einer unglaublich faszinierenden Welt eingefangen. Jedes Kapitel steht für sich, stellt besondere Tiere, Landschaften und Menschen vor. Auf diese Weise entsteht ein tiefer Einblick in die komplexe Aufgabe Naturschutz. Auf jeweils spezifische Fragen geben Experten aus der ganzen Welt am Ende eines jeden Kapitels Antwort.

Bernhard Grzimek hat unzählige Menschen an die Natur herangeführt und seine Begeisterung auf andere übertragen. Und wer nicht selbst zum Biologen und Naturschützer wurde, konnte in Form von Spenden und Vermächtnissen dennoch teilhaben. Auch heute basiert die Arbeit fast aller Naturschutzorganisationen auf den Zuwendungen von engagierten Menschen. Mit seinem Einsatz vor Ort hat Grzimek Zeichen gesetzt, und sein Oscar-prämierter Film *Serengeti darf nicht sterben* gilt in der Kernaussage für viele andere bedeutende Schutzgebiete. Er hat Spuren hinterlassen, und viele sind in seine Fußstapfen getreten.

Mit der Erde und ihren Bewohnern wurde uns eine unglaublich faszinierende Schöpfung anvertraut. Wir sollten sorgsam damit umgehen.

Gerhard Kittscher
Präsident der Zoologischen Gesellschaft Frankfurt

Vorwort

Bernhard Grzimek wäre sicherlich stolz, wenn er wüsste, dass auch gut 50 Jahre nachdem er sich in Afrika erstmals um den Schutz bedrohter Tiere und Lebensräume gekümmert hat, Menschen diese Arbeit fortführen. Und es würde ihm gewiss auch gefallen, dass diese Naturschutzarbeit seiner Zoologischen Gesellschaft Frankfurt über die letzten Jahre erheblich an Umfang zugenommen hat. Was er gewissermaßen nebenbei und mit viel Herzblut angekurbelt hat, steht heute auf einer soliden und professionellen Basis.

Bernhard Grzimek hat mehrere Leben parallel gelebt. Er war hauptberuflich Direktor des Frankfurter Zoos, hat zahlreiche Bücher geschrieben, zwei Kinofilme und mehr als 170 Fernsehsendungen produziert, er war in den verschiedensten Gremien aktiv und galt einer ganzen Nation als die moralische Instanz in Sachen Tiere. Weniger bekannt ist, dass eigentlich sein Sohn Michael die treibende Kraft war, die Bernhard Grzimek an den Film und die Fernseharbeit herangeführt hat. Michael war über Jahre hinweg sein engster Verbündeter und bester Freund, und sein früher Tod hat ihn viel Kraft gekostet. Wäre diesem unschlagbaren Vater-Sohn-Team noch mehr Zeit geblieben, um gemeinsam zu agieren, wer weiß, um wie viel größer das Vermächtnis der beiden heute sein könnte. Dennoch, Bernhard Grzimek hat nach Michaels Flugzeugabsturz 1959 nicht aufgegeben, im Gegenteil, er hat sich noch stärker engagiert, um ihrer beider Ideen voranzutreiben.

Viele der jungen Leute, die heute draußen in der Welt, in den entlegenen Nationalparks Afrikas, Südamerikas oder Asiens, aber auch in den letzten Wildnisgebieten Europas für den Naturschutz arbeiten, tun das ganz im Sinne von Bernhard Grzimek. Um ihrer Berufung und ihrer Arbeit nachzugehen, nehmen sie oftmals große private Entbehrungen in Kauf, verzichten auf den Luxus, der uns hierzulande Standard scheint. Doch sie genießen das Privileg einer ganz eigenen Art von Luxus: eines Lebens in unberührter Natur, umgeben von einzigartigen Tieren. Und sie betrachten es als ihre Aufgabe, diese ursprünglichen Gebiete zu erhalten, damit, wie Bernhard Grzimek schon 1959 sagte, auch den Menschen in 50 Jahren noch das Herz weit wird, wenn ein Löwe im rötlichen Morgenlicht aus dem Gebüsch tritt und dröhnend brüllt.

Erika und Christian Grzimek

Nordpolarmeer
NORDAMERIKA
Rocky Mountains
EUROPA
Ural
ASIEN
Atlas
Himalaya
Pazifischer Ozean
Atlantischer Ozean
AFRIKA
Kongo-Becken
Pazifischer Ozean
Amazonas-Becken
SÜDAMERIKA
Anden
Indischer Ozean
AUSTRALIEN
ANTARKTIS

> Die Erde wird zu klein, um die ungeheure Zahl der Menschen zu ernähren, die sich ständig multiplizieren. Deswegen nimmt die Zahl der Tiere immer mehr ab.
>
> BERNHARD GRZIMEK, 1954

Biodiversität – Die Vielfalt des Lebens

Biodiversität beschreibt das Leben auf der Erde schlechthin. Dazu gehört die Vielfalt der Gene, der Arten und der Ökosysteme. Immer stärker verändern und reduzieren wir diese Vielfalt, die in Millionen von Jahren entstanden ist. Dabei hängt letztendlich unsere eigene Existenz von ihr ab. Wir sollten unseren Kindern und Enkeln eine reichhaltige, lebenswerte und faszinierende Welt hinterlassen.

Stellen Sie sich vor, Ihre Eltern würden Ihnen statt eines Testaments einen Computer hinterlassen. Auf dessen Festplatte wäre alles gespeichert, was zu dem umfangreichen Nachlass gehört: alle Urkunden der Familie, alle Familienfotos, die vollständigen Unterlagen zum Geld- und Immobilienbesitz; außerdem digitalisierte Tagebücher sowie Passwörter und Zugangsdaten zu den Versicherungen und Bankkonten. Und was tun Sie? Sie brauchen Speicherplatz für ein paar Urlaubsfotos und fangen an, Teile der Festplatte unbesehen zu löschen. In Sekunden vernichten Sie die Errungenschaft von Generationen – zu Ihrem eigenen Schaden. Schließlich trifft es auch noch das Betriebssystem, und der Bildschirm wird schwarz.

So dumm kann niemand sein? Leider sehen die Fakten anders aus. Die neue rote Liste führt weltweit 16 000 vom Aussterben bedrohte Tier- und Pflanzenarten auf, darunter mehr als 1000 Säugetiere und Vögel. 113 Vogel- und 83 Säugetierarten sind bereits ausgerottet. Mehr als die Hälfte der tropischen Regenwälder und globalen Feuchtgebiete existieren nicht mehr, 58 Prozent der Korallenriffe gelten als gefährdet. Die Vereinten Nationen stellten bei einer weltweiten Bestandsaufnahme fest, dass sich bereits mehr als die Hälfte der Ökosysteme in einem Zustand fortgeschrittener oder anhaltender Zerstörung befinden.

Auch die Paläontologen malen ein düsteres Bild. Ihre Untersuchungen ergaben, dass komplexe Ökosysteme wie Korallenriffe oder Tropenwälder mehrere Millionen Jahre benötigen, um sich zu regenerieren. Die Aussterberate der Pflanzen und Tiere hat sich gegenüber dem natürlichen Artenverlust um mindestens den Faktor 100 beschleunigt. Ein globales Massensterben der Arten hat eingesetzt – ausgelöst durch eine einzige Art: den Homo sapiens. Den weisen, vernunftbegabten Menschen?

6,7 Milliarden Menschen bevölkern heute die Erde, und jedes Jahr kommen rund 80 Millionen hinzu. Der Scheitelpunkt wird wohl Mitte dieses Jahrhunderts bei 9 Milliarden erreicht werden. Und längst nehmen wir Einfluss auf das Betriebssystem der Erde.

Seit 1861, dem Beginn systematischer meteorologischer Aufzeichnungen, stieg die weltweite Durchschnittstemperatur um 0,6 Grad. Das ist die stärkste Temperaturerhöhung in den letzten 1000 Jahren auf der nördlichen Erdhalbkugel. Der Meeresspiegel steigt, die Schneebedeckung auf der Nordhalbkugel nimmt kontinuierlich ab. Die arktische Meereseisdecke verringerte sich bereits um 40 Prozent. Einigkeit herrscht inzwischen über die Ursache. Es sind die Treibhausgase, erzeugt durch die Nutzung fossiler Energien, durch

Die biologische Vielfalt der Erde ist sehr ungleich verteilt. Die Schwerpunkte mit der größten Artenvielfalt liegen im Tropengürtel. Die Karte zeigt exemplarisch die Vielfalt der Pflanzenarten: je dunkler, desto mehr Arten kommen vor.

Noch gibt es sie, die großen, unberührten Naturlandschaften: Savannen, Regenwälder, Berge, Seen und Sümpfe. Wildnisgebiete, die sich in einem steten Wandel befinden und uns zeigen, wie Natur funktioniert. Sie sind unsere Schatzkammern.

Rodung, Ackerbau und Viehzucht, die die Erde aufheizen; vor allem Kohlendioxid und Methan. Beide treten heute in Konzentrationen auf, wie sie in den letzten 420 000 Jahren nicht vorkamen.

Die Prognosen für die Zukunft sind düster: Ändert sich nichts, ist bis zum Ende des Jahrhunderts mit einem Temperaturanstieg von 1,4 bis 5,8 Grad zu rechnen. Der Meeresspiegel wird fast einen Meter steigen, Küstenregionen und tief gelegene Inselstaaten werden überflutet, Wüsten breiten sich aus, Gletscher schmelzen ab. Tiere und Pflanzen werden noch schneller aussterben. Aber was genau verlieren wir damit?

Leben heißt Biodiversität

Bei der Suche nach den komplexen Zusammenhängen des Lebens kreierten Wissenschaftler vor gut 20 Jahren das Kunstwort »Biodiversität«, zusammengekürzt aus *biological diversity* – auf Deutsch: biologische Vielfalt. Mit diesem einen Wort Biodiversität lässt sich die Grundlage des Lebens auf der Erde beschreiben. Dabei werden drei Ebenen der Vielfalt unterschieden: die der Gene, der Arten und der Ökosysteme. Das hört sich einfach an, ist aber kompliziert.

Die erste Ebene umfasst die Vielfalt innerhalb derselben Art. Dass sich selbst nah verwandte Organismen voneinander unterscheiden, zeigt schon der Blick auf die eigenen Eltern oder Kinder. Will man also eine Art erhalten, reicht es nicht, nach dem Noah-Prinzip ein Pärchen in einen Zoo aufzunehmen oder eine Samenbank einzurichten. Denn damit würde aus der Fülle der genetischen Information nur ein Bruchteil erhalten bleiben. Will man genetische Vielfalt bewahren, müssen möglichst viele unterschiedliche Individuen einer Art überleben.

Die zweite Ebene, die Vielfalt der Arten, erscheint relativ verständlich. Jeder kann sich unter Tier- und Pflanzenarten etwas vorstellen. Nur leider kennen wir die allermeisten Arten gar nicht. Rund zwei Millionen Tier- und Pflanzenarten sind bekannt, tatsächlich gibt es schätzungsweise mindestens zehnmal so viele. Die meisten davon sind Insekten, die in den tropischen Regenwäldern leben.

Noch schwieriger wird es bei der dritten Ebene, den Ökosystemen. Hier geht es um die komplexe Beziehung zwischen den Arten und ihrer Umwelt, und vor allem geht es um Dynamik. Arten sind nicht statisch. Sie verändern sich nach den Gesetzen der Evolution. Und so brauchen wir ausgedehnte natürliche Wälder,

große Korallenriffe, riesige Savannen und all die anderen Ökosysteme, die die Vielfalt dieser Erde ausmachen, damit auch genügend genetische Information und unterschiedliche Arten erhalten bleiben.

Die Vielfalt der Natur ist die Grundlage unseres Lebens und der globalen wirtschaftlichen Entwicklung. Sie ist Vorbild für technische Innovationen und trägt zum Klimaschutz bei. Was Arten und Ökosysteme leisten – von der Bestäubung der Kulturpflanzen bis hin zur Abfallbeseitigung und Reinigung von Wasser und Böden –, ist unermesslich. Wir sind selbst Teil der Natur und fühlen uns auch emotional mit ihr verbunden. Die biologische Vielfalt ist das Kapital dieser Erde, entstanden in 3,5 Milliarden Jahren Evolution, und mit jeder ausgerotteten Art schmälern wir die Ertragsbasis und die Möglichkeiten kommender Generationen, frei über ihre Entwicklung zu entscheiden. Ausgelöschte genetische Information, weniger Arten und geschädigte Ökosysteme verringern die Zukunftschancen unserer Kinder und Enkel.

Die Weltgemeinschaft hat die herausragende Bedeutung der Biodiversität für unser Überleben erkannt. Auf der ersten Umweltkonferenz der Vereinten Nationen 1992 in Rio wurde ein Übereinkommen zur biologischen Vielfalt verabschiedet. Diese Convention on Biological Diversity wurde bisher von knapp 170 Staaten und der EU unterzeichnet. Damit verpflichten sich die Regierungen, die natürliche Biodiversität zu erhalten, sie nachhaltig zu nutzen und die Erträge aus den genetischen Ressourcen fair zu teilen. Nachhaltig heißt hier, dass die heutige Generation die Möglichkeiten künftiger Generationen nicht einschränkt.

Man kann es als glückliche Fügung betrachten, dass die Biodiversität auf der Erde sehr ungleich verteilt ist. Es gibt die tropischen Regenwälder und Korallenriffe mit den höchsten Artendichten, artenarme Wüsten und Eisregionen sowie Gebiete mit besonders vielen endemischen Arten, Arten, die nur in einer eng begrenzten Region vorkommen. Man braucht also keine große Käseglocke und muss nicht die ganze Welt unter Naturschutz stellen. Für die Landflächen gilt die Faustregel: Gut 10 Prozent unter strengem Schutz und ein nachhaltiger Umgang mit den bewirtschafteten Flächen erhalten einen Großteil der Biodiversität.

Allerdings müssen die Gebiete sorgfältig ausgewählt werden und sich auf die Zentren der Biodiversität und der endemischen Arten konzentrieren. Zudem gilt es, besonders gefährdete Gebiete vorrangig zu schützen und auch ausreichend große Wildnisgebiete mit natürlichen Abläufen einzubeziehen.

Klimatologen haben heutzutage konkrete Vorstellungen davon, wie sich Szenarien bei unterschiedlichen Treibhausgaskonzentrationen entwickeln und wie Maßnahmen gegen den Klimawandel aussehen

Unter dem ökologischen Fußabdruck versteht man die Fläche an Land und Wasser, die wir benötigen, wenn wir unsere Lebensweise, einschließlich der Abwässer und Abgase, aufrechterhalten wollen. Heute überschreiten wir die Kapazitäten der Erde bereits um 23 Prozent. Naturräume verschwinden, Arten werden ausgerottet, das Weltklima ändert sich.

Heute sind rund zwei Millionen Arten bekannt. Jährlich kommen etwa 12 000 Neubeschreibungen dazu. Der Weltbestand wird auf mehr als 10 Millionen Arten geschätzt. Ein Großteil wird jedoch ausgerottet sein, bevor wir sie überhaupt entdeckt haben.

müssen. Ebenso wissen Biologen, welche Regionen und Arten besonders gefährdet sind und was zu ihrem Schutz getan werden muss. Und noch etwas haben diese beiden großen Aufgaben der Menschheit gemeinsam: Die Kosten für die Vorsorge liegen deutlich unter dem, was auf uns zukommt, wenn die jetzigen negativen Entwicklungen anhalten.

Naturschutz gestern und heute

Lange bevor Biodiversität und Klimawandel Eingang in internationale Konventionen fanden, gab es Frauen und Männer, die sich an vorderster Front für die Erhaltung der Natur einsetzten. Einer von ihnen war Bernhard Grzimek, Veterinärmediziner, Zoodirektor und Medienstar im Nachkriegsdeutschland. Zusammen mit seinem Assistenten und Nachfolger Richard Faust baute er einen Zoo-Förderverein, die Zoologische Gesellschaft Frankfurt von 1858 (ZGF), zu einer internationalen Naturschutzorganisation aus. So wurde in Frankfurt in den 60er Jahren das begonnen, was ein halbes Jahrhundert später als Weltzoostrategie propagiert wurde: Zoos als »Conservation Centres«, als Naturschutzzentren, die Probleme und Lösungen des Naturschutzes vermitteln, umfangreiche Mittel einwerben und Naturschutzprojekte vor Ort finanzieren und durchführen. Doch nicht nur in Frankfurt, auch in New York und London entwickelten sich Zoologische Gesellschaften zu schlagkräftigen, international tätigen Forschungs- und Schutzorganisationen.

Dass Fehler nicht ausblieben, war unumgänglich. Die verfügbare Information war oft mehr als dürftig. Internet, Satellitenaufnahmen und Navigationssysteme kannte man noch nicht. Nachrichten aus den Projektgebieten waren mitunter Monate unterwegs, wenn sie überhaupt ankamen. Besonders der Grzimek'sche Pioniergeist schoss zuweilen übers Ziel hinaus. So wurden auf der Insel Rubondo im Viktoriasee Nashörner, Schimpansen, Giraffen und Elefanten ausgesetzt, allesamt Tiere, die es dort nie gegeben hatte. Bernhard Grzimek wollte zumindest eine Arche-Noah-Insel gut bestückt haben, falls die afrikanischen Nationalparks in Wilderei und Chaos versinken sollten.

So ein Aussetzen ortsfremder Tiere würde heute zu Recht auf massive Kritik stoßen. Dennoch muss man sogar in diesem Fall Grzimek Respekt zollen. Der 240 Quadratkilometer große Rubondo-Nationalpark umfasst heute eine der ganz wenigen intakten und vollständig bewaldeten Inseln des Viktoriasees und bietet

Fischen wichtige Brutgebiete. Die damals ausgewilderten Schimpansen aus europäischen Zirkussen haben tatsächlich überlebt, sind vollständig verwildert, und ihre Nachfahren lassen sich nur schwer beobachten.

In Deutschland, wo Grund und Boden knapp und die Wildnis seit Jahrhunderten gänzlich den Kulturlandschaften gewichen war, setzten die Naturschützer auf Flächenkauf. Beim Heimatschutz vor der Haustür berücksichtigte man allerdings zu wenig, dass alle diese Flächen eine ständige und zum Teil sehr kostenintensive Pflege benötigen und dass sie mitunter Arten wie Braunkehlchen, Brachvogel und Bekassine beherbergen, die uns zwar faszinieren, die aber erst durch die Flächenrodungen des Menschen in historischen Zeiten von Grünland und Ackerbau profitierten. Ein fast musealer Naturschutz, auf besonders schöne und eindrucksvolle Arten ausgerichtet, bestimmte das Engagement in Mitteleuropa.

Mit vielen Ansätzen lagen die Naturschutzpioniere aber erstaunlich richtig, und ihre Vorgehensweise hat auch heute, ein halbes Jahrhundert später, noch Bestand. Ausweisung und Unterstützung von Nationalparks, Umweltbildung, Wiedereinbürgerung bedrohter Arten und Entwicklung nachhaltiger Bewirtschaftungsformen gehören zu den wichtigsten Naturschutzinstrumenten.

Naturschutz ist Menschenschutz, das propagierte schon Bernhard Grzimek und warb damit um Verständnis für die Erhaltung von Wäldern, Mooren und bedrohten Arten. Längst treten Naturschützer nicht mehr nur mit Fernglas und Gummistiefeln auf, sondern nutzen Laptop und Beamer. Zusammen mit den Gemeinden werden Landnutzungspläne erarbeitet, die Nutzung und Schutz für alle Seiten sinnvoll vereinen. Mit alternativen Einkommensmöglichkeiten und Kleinkrediten sucht man Auswege aus dem Teufelskreis von Übernutzung und weiterer Armut.

Viel stärker als in den Industrieländern sind die Menschen in der Tropenzone auf intakte Wälder, saubere Seen und ausreichend Wasser führende Flüsse angewiesen. Für sie ist das Prinzip der Nachhaltigkeit langfristig überlebenswichtig, wenn dem auch oft akute Bedürfnisse entgegenstehen.

Schutzgebiete sind Puffer, Regulatoren und Refugien, und artenreiche Kulturlandschaften minimieren Risiken. Die Erde hat in Jahrmillionen Massensterben, Eis- und Warmzeiten, Kometeneinschläge und Vulkanausbrüche mit drastischen Klimaänderungen erlebt. Die Natur wird weiterexistieren. Mit oder ohne Klimawandel und Artenschwund. Die vom Menschen verursachten fundamentalen globalen Veränderungen betreffen vor allem eine Art: den Menschen selbst.

Mehr als 16 000 Arten gelten als gefährdet. Darunter mehr als 1000 Säugetierarten. Viele von ihnen nehmen wichtige Schlüsselfunktionen in den Ökosystemen ein – als Räuber, Pflanzenfresser oder Resteverwerter. Ohne sie wird das Netz des Lebens brüchig.

Neue Herausforderungen

Ohne Natur wäre unser Leben undenkbar. In der Ernährung und Medizin spielen Pflanzen die entscheidende Rolle. Fast die Hälfte der heute zugelassenen Medikamente basiert auf pflanzlichen Wirkstoffen.

Weltweit werden 60 Prozent der Ernährung durch nur drei Nutzpflanzen abgedeckt. Das ist eine gefährliche Einengung, denn Krankheiten und Klimawandel können zu globalen Hungersnöten führen. Dabei sind vermutlich 75 000 Arten essbar. In den Wildpflanzen schlummert ein gigantisches genetisches Reservoir.

RECHTE SEITE:
Die Regenwälder sind Zentren der Artenvielfalt. Die Grünflügelaras und Hellroten Aras sind leuchtende Beispiele aus dem Manu-Nationalpark in Peru. In diesem Schutzgebiet leben an die tausend Vogelarten. Jede zehnte Vogelart der Welt kommt dort vor.

Noch nie war Naturschutz so komplex, und noch nie war er so bitter nötig. Von Haustieren übertragene Krankheiten fordern heute unter den Wildtieren mehr Opfer als die Schlingen und Kugeln der Wilderer. Invasive Arten gefährden ganze Ökosysteme. Der Ressourcenhunger und der Energiebedarf bestimmen den Umgang mit der Natur. Gleichzeitig wird immer deutlicher, dass Hunger, Krieg, Krankheiten, Klimawandel und Schwund an Arten und Lebensräumen eng miteinander verbunden sind und gemeinsam angegangen werden müssen. Die Erhaltung der biologischen Vielfalt gehört somit zu den ganz großen Aufgaben der Menschheit. Im Grunde wissen wir, was zu tun ist. Wir kennen die Zentren der biologischen Vielfalt und wissen, wo es besonders viele endemische Arten auf kleinem Raum gibt. Wir wissen, dass wir nutzungsfreie Nationalparks brauchen, um Biodiversität zu erhalten und das zu sichern, was die Ökosysteme an Wasser- und Klimaregulation leisten. Wir kennen eine Reihe von Maßnahmen, durch die sich die Bedürfnisse der Menschen sinnvoll mit den Notwendigkeiten des Naturschutzes verbinden lassen.

Die Mitarbeiter der Zoologischen Gesellschaft Frankfurt wissen, dass sie die Welt nicht retten können. Sie werden sich auf die Juwelen konzentrieren, auf große, artenreiche Wildnisgebiete. Damit sollen repräsentative Systeme der Savannen, Feuchtgebiete, Wälder und Bergregionen erhalten werden. Jetzt gibt es dafür noch ein knappes Zeitfenster von wenigen Jahrzehnten. Haben sich die Nationalparks und Weltnaturerbe-Gebiete im öffentlichen Bewusstsein erst einmal etabliert, dann stehen die Chancen gut, dass sie wie Bauwerke, Kunstgegenstände oder andere kulturelle Leistungen über Jahrhunderte geschätzt und geschützt werden.

Naturschutzpioniere wie Bernhard Grzimek, George Schaller und Jane Goodall haben entscheidende Grundlagen gelegt, Hunderte haben ihr Erbe angetreten und sind an vorderster Front im Einsatz für die Natur, im Einsatz für uns alle. Wir – der Homo sapiens, der weise Mensch –, wir wissen, wie es funktionieren kann, und wir können es schaffen.

D-ENTE

BERNHARD GRZIMEK

EIN LEBEN FÜR DIE TIERE

> Ein paar Leute müssen sich schon um die wilden Tiere mühen – um der Tiere, aber auch um der Menschen willen.
>
> BERNHARD GRZIMEK, 1954

Bernhard Grzimek – Ein Leben für die Tiere

In Deutschland war er der Tierprofessor aus dem Fernsehen, doch Bernhard Grzimek hat wie kaum ein Zweiter zur Erhaltung der Wildnisgebiete unserer Erde beigetragen.

Es waren die ersten Abende, an denen man länger aufbleiben und fernsehen durfte. Damals als Kind in den späten 1960er Jahren. Damals, als Fernsehen in Deutschland erst aus zwei Programmen bestand. Oma, Papa, Großtante – mit der ganzen Familie saß man vor dem Fernseher und verfolgte gebannt, wie die kleine, erst vor wenigen Stunden geborene Antilope durch die afrikanische Savanne stakste, verfolgt von den hungrigen Blicken der im hohen Gras lauernden Löwen. »O nein, lauf schnell weg!«, war man versucht zu rufen, doch sogleich belehrte einen die näselnde Stimme aus dem Off, dass auch die kleinen Löwenkinder etwas zu essen brauchen. »Ein wilder Löwe kann bis zu achtzehn Kilogramm Fleisch auf einmal verschlingen. Aber das besagt nicht so viel, denn er muss ja nicht jeden Tag Mahlzeit halten. Andererseits tötet er oft mehr, als er selbst aufisst, und wenn er in den Schatten eines großen Baumes geht, um zu verdauen, holen sich Schakale, Hyänen und Geier die Beute«, klärte die Stimme das staunende Fernsehpublikum auf.

Diese unverwechselbare Stimme gehörte Professor Dr. Dr. Bernhard Grzimek – Zoodirektor, Abenteurer, Autor unzähliger Bücher, Fernsehonkel, Natur- und Tierschützer und genialer Fundraiser. Wie kaum ein anderer hat er es verstanden, über Jahrzehnte die Nation mit Natur und Tieren vor den Fernsehgeräten zu fesseln und seinem Publikum dabei Spenden für seine Projekte zu entlocken. Heute würde man sagen, es war Kult, wenn Grzimek mit dem immer gleichen »Guten Abend, meine lieben Freunde«, die Sendung *Ein Platz für Tiere* in der ARD eröffnete und der Zuschauer gespannt sein durfte, welches Tier der Herr Professor wohl an diesem Abend mitgebracht hatte, um seine Live-Moderation zwischen den Filmbeiträgen lebendig zu gestalten. Mal turnten zwei Orang-Utan-Kinder im Studio herum, ein andermal brachte ein nervöser Gepard namens Cheetah das Manuskript durcheinander und versperrte den Blick auf den »Tierprofessor«. In tierischer Begleitung war Grzimek in jeder seiner 175 Sendungen, die über einen Zeitraum von fast 30 Jahren über den Bildschirm flimmerten.

Als Bernhard Grzimek 1956 im Hessischen Rundfunk mit seiner TV-Sendung an den Start ging, hätte wohl niemand gedacht, dass *Ein Platz für Tiere* ein derartiger Erfolg werden würde. Bis heute gilt sie als die erfolgreichste Serie im deutschen Fernsehen. Zusammen mit Jacques Cousteaus Sendung *Geheimnisse des Meeres*, die ebenfalls 13 Jahre lang bei uns zu sehen war, und späteren Kollegen wie Heinz Sielmann prägte Grzimek das Naturverständnis einer ganzen Generation. Mit Einschaltquoten von bis zu 70 Prozent waren seine Sendungen wahre Straßenfeger, und auch heute noch wird der Name Grzimek am stärksten mit diesen Fernsehsendungen verbunden.

VORHERGEHENDE DOPPELSEITE: Mit den Zebrastreifen auf seinem Flugzeug und den Fahrzeugen schuf Grzimek ein unverwechselbares Design.

LINKE SEITE: Bernhard Grzimek, wie wir ihn kennen: stets mit einem Tier für die Kamera posierend. Bereits als Kind galt sein Interesse den Tieren, und diese Leidenschaft sollte sein gesamtes Leben prägen – als Tierarzt, als Direktor des Frankfurter Zoos und vor allem als Kämpfer für die Erhaltung von Tieren und ihren Lebensräumen in den verschiedensten Winkeln der Erde.

Im Oktober 1956 startete der Hessische Rundfunk die Sendereihe *Ein Platz für Tiere*, in der Bernhard Grzimek und sein Sohn Michael von Tieren und aus fernen Ländern berichteten. Dass die Sendung über drei Jahrzehnte ein Erfolg sein würde, ahnte damals niemand.

Legendär war der Gepard Dikil, der Grzimek bereits bei einer der ersten Sendungen ins Studio begleitete. Mit einem zahmen Geparden in seiner Privatwohnung pflegte Grzimek gerne Besucher zu erschrecken.

Tierschutz oder Naturschutz?

Wer glaubt, Grzimek wäre nur der Mann für nette Tierfilmchen gewesen, der irrt gewaltig. Der Zoologe und Tierarzt wusste als einer der Ersten das Medium Fernsehen sehr konkret für seine Ziele zu nutzen. »Ich mache meine Fernsehsendungen nicht nur, um die Menschen nett zu unterhalten, sondern um etwas damit zu erreichen«, sagte Grzimek in einem TV-Interview Ende der 1970er Jahre. Und wenn er etwas erreichen wollte, dann war er nicht zimperlich. Bereits 1966, als enthüllende Fernsehmagazine noch fremd in unserer Medienlandschaft waren, schockierte Grzimek die deutsche Öffentlichkeit mit Aufnahmen vom Robbenschlachten auf dem kanadischen Eis. »So, und nun schalten Sie bitte das Bild Ihres Fernsehers aus«, warnte er Eltern und empfindsame Gemüter im Vorfeld der schonungslosen Szenen, in denen die Jäger großäugige Robbenbabys mit Knüppeln erschlugen und bei lebendigem Leib enthäuteten.

Was folgte, waren heftige Angriffe von Seiten der deutschen Pelzindustrie, aber auch aus dem kanadischen Abgeordnetenhaus. Man warf ihm vor, die Aufnahmen manipuliert zu haben. Doch Grzimek ließ sich nicht einschüchtern. Aus Spendengeldern, die er mit Hilfe seiner Sendung gesammelt hatte, schickte er in der nächsten Fangsaison im März 1967 zwei britische Veterinäre nach Kanada, um das Robbenschlachten zu dokumentieren. Der öffentliche Druck, den er mit den Berichten erzeugte, war immens. In Kanada fiel der Preis für Robbenfelle auf ein Viertel, in Europa nahmen die Warenhäuser die so genannten *white coats* aus ihrem Sortiment.

Tierschutz und Naturschutz sind zweierlei, und Grzimek wusste das eine sehr klug zum Wohl des anderen zu nutzen. Seine öffentlichen Angriffe auf Pelze tragende Damen Anfang der 1970er Jahre beispielsweise richteten sich nicht gegen die Tatsache, dass diese Pelze trugen, sondern dass es Pelze von bedrohten Arten waren. Lange bevor der Handel mit bedrohten Tierarten im Washingtoner Artenschutzabkommen international geregelt wurde, bewegte er Persönlichkeiten wie die Königin von Holland oder den Startenor Ivan Rebroff dazu, auf das Tragen von Tigerfellmänteln zu verzichten. Grzimek war mittlerweile *die* Autorität in

Deutschland bei allem, was auch nur irgendwie mit Tieren zu tun hatte, und seine moralischen Appelle im Fernsehen zeigten Wirkung.

»Damen aus alten, angesehenen Familien wissen, dass sie ein Vorbild für viele Frauen und Mädchen sind und dass sie damit auch eine hohe Verantwortung tragen«, verkündete er – und stellte Filmstar Gina Lollobrigida, die sich weigerte, auf ihren Pelz zu verzichten, öffentlich an den Pranger. Grzimek wurde vor allem in den späten 1960er und frühen 1970er Jahren zu einer moralischen Instanz. Er konnte es sich leisten, die Gattin des Bundespräsidenten Heinrich Lübke wegen ihrer Vorliebe für Pelze zu kritisieren und gleichzeitig mit der Pelzindustrie über die Finanzierung von Studien über den Zustand bedrohter Arten wie Tiger oder Leoparden zu verhandeln.

Der Name Grzimek stand für Tiere

Der Name Bernhard Grzimek stand und steht für den Schutz von Tieren. Doch der Veterinär Grzimek war nüchterner Naturwissenschaftler genug, um zwischen Tierschutz aus – wie er es nannte – »verzärtelten« Gründen und dem Schutz von Tieren aus ökologischen, ökonomischen und ethischen Gründen zu unterscheiden. Er selbst hat nie eine führende Rolle in Tierschutzverbänden gespielt und sich auch immer als Natur- und weniger als Tierschützer gesehen. Er war nicht dagegen, Tiere für Nahrungs- oder Kleidungszwecke zu halten, zu schlachten oder zu jagen, ihm ging es darum, sie artgerecht zu halten und ökologisch nachhaltig zu jagen. Forderungen nach vegetarischer Lebensweise oder der Abschaffung des Kürschnerhandwerks schadeten seiner Meinung nach der Sache der Tiere mehr, als sie nützten. »Sie führen dann leicht dazu, dass der gesamte Tierschutz und auch der Naturschutz zwar freundlich gelobt, aber nicht ernst genommen werden«, schrieb er.

Grzimek ging es darum zu verhindern, dass einzelne Tierarten auf unserem Planeten ausgerottet und ganze Landstriche zerstört werden. Dass er, um dieses Ziel zu erreichen, bewusst die Tierschutzkarte spielte,

»Guten Abend, meine lieben Freunde« – mit diesem Satz und mit seinen tierischen Studiogästen im Arm eröffnete Grzimek fast jede seiner Sendungen.

Grzimek mit Models am Rande der Frankfurter Pelzmesse. Er kämpfte dagegen, dass Felle von bedrohten Tieren verarbeitet wurden, doch er arrangierte sich auch mit der Pelzindustrie und ließ sie eine Studie über die Gefährdung bestimmter Arten finanzieren.

FOLGENDE DOPPELSEITE:
Während der Dreharbeiten zu *Serengeti darf nicht sterben* waren Bernhard und Michael Grzimek tagelang in der Wildnis unterwegs. Dieses Abenteuer Afrika trug sicher wesentlich zum Erfolg des Films und des Buchs im Nachkriegsdeutschland bei.

GENT

SHOWE

Bernhard Grzimek mit Sohn Michael und dem berühmten Buschbaby bei den Dreharbeiten zu *Serengeti darf nicht sterben*.

Experimente zum Verhalten von Tieren befriedigten Grzimeks Forscherdrang. Mit dem aufblasbaren Nashorn erforschte er das Sehvermögen von Spitzmaulnashörnern.

Markus Borner (re.) wurde Anfang der 80er Jahre von Grzimek nach Afrika geholt. Noch heute führt Borner dessen Arbeit fort.

mag man im Rückblick als clevere Marketingstrategie bezeichnen. Werbefachleute setzen heute wie damals auf Kinder und Tiere als Sympathieträger, und ganz sicher wäre Grzimeks TV-Spendensammlung »Hilfe für die bedrohte Tierwelt« nicht halb so erfolgreich gewesen, hätte er nicht auf die Wirkung seiner tierischen Begleiter vertrauen können. Bereits 1961 wurde dieses Sonderkonto eingerichtet, auf das er in jeder seiner Sendungen nachdrücklich Spenden erbat. Über die Jahrzehnte sind auf diesem Konto Millionenbeträge für Grzimeks Naturschutzarbeit zusammengekommen, nicht nur aus Spenden, sondern auch aus Erbschaften und Vermächtnissen. Und dies weit über seinen Tod hinaus.

Autor, Medienstar, Pilot

Bereits bei seiner ersten Reise auf den Schwarzen Kontinent war Grzimek schockiert über den Zustand der Wildtiere Afrikas. »Die Erde wird zu klein, um die ungeheure Zahl der Menschen zu ernähren, die sich ständig multiplizieren. Deswegen nimmt die Zahl der Tiere ab«, stellte er fest und prangerte ab den frühen 1950er Jahren kontinuierlich und heftig das Bevölkerungswachstum als Grund für die Zerstörung von Lebensräumen und den Raubbau an der Natur an. 1950 flog er in den – damals noch belgischen – Kongo, vor allem um Tiere für den Frankfurter Zoo zu holen, dessen Direktor er seit Kriegsende 1945 war. Als leidenschaftlicher Verhaltensforscher wollte er in Afrika das Leben der Tiere in Freiheit studieren, um sie dann zu Hause im Zoo optimal halten zu können. Begleitet wurde er meist von seinem Sohn Michael, mit dem ihn eine außergewöhnliche Beziehung verband. Eine Ahnung davon, wie intensiv sie gewesen sein muss, bekommt der Leser im Vorwort zu *Serengeti darf nicht sterben*. Dort schreibt Bernhard Grzimek: »Ich aber wünsche allen Vätern, dass sie einen Sohn haben mögen, der ihr Kamerad und Freund ist und der sich mit ihnen versteht. Und wenn es auch nur für einige wenige Jahre ist.«

Bereits in jungen Jahren war Michael als ebenbürtiger Partner mit viel Verantwortung mit seinem Vater unterwegs, im Januar 1951 begleitet er ihn zum ersten Mal an die Elfenbeinküste, um Tiere zu beobachten.

Seit Grzimeks Tagen unterstützt die ZGF den Serengeti-Nationalpark. Hier die Veterinäre bei der regelmäßigen Untersuchung auf Wildtierkrankheiten.

Heute gewinnt die Arbeit mit den Menschen, die rund um den Park leben, zunehmend an Bedeutung. Das Wohl der Serengeti hängt auch von ihnen ab.

Ranger aus- und weiterzubilden sowie für Ausrüstung und Infrastruktur zu sorgen gehört seit fast fünf Jahrzehnten zu den Kernaufgaben der ZGF in Ostafrika.

Bis zum Ende der Reise hatten die beiden mehrere Tiere für den Frankfurter Zoo gefangen, die der 16-jährige Michael schließlich allein mit dem Frachter nach Europa bringen musste. Auch zwei Jahre später war er dabei, als es in den Kongo ging und Vater und Sohn das erste Okapi nach Deutschland holten.

Aus Grzimeks Eindrücken und Abenteuern in Afrika entstand 1954 das Buch *Kein Platz für wilde Tiere* und zwei Jahr später der gleichnamige Film, der bei den Berliner Filmfestspielen 1956 sogar eine Walt-Disney-Produktion im Rennen um den Goldenen Bären schlug. Der Film verschlang alle persönlichen Mittel von Bernhard und Michael Grzimek, die mehrere Hunderttausend Mark in dieses Abenteuer gesteckt hatten. Doch Buch und Film wurden ein Riesenerfolg. Mit dem Flair von authentischem Abenteuer und dem Geruch nach großer weiter Welt hatten die beiden im Wirtschaftswunder-Deutschland den Zeitgeist getroffen. Die unerwartet hohen Filmeinnahmen wollten die Grzimeks der tansanischen Nationalparkbehörde Tansania National Parks für den Kauf von Land zur Verfügung stellen. Doch deren damaliger Direktor Peter Molley schlug vor, mit dem Geld lieber eine umfassende Bestandsaufnahme der wandernden Tiere in der Serengeti zu finanzieren. Denn nur wenn man wisse, wie die riesigen Herden tatsächlich ziehen, könne man die Serengeti entsprechend schützen, meinte Molley.

Im Alter von 48 Jahren lernte Bernhard Grzimek zusammen mit seinem Sohn Michael fliegen, kaufte eine einmotorige Dornier, lackierte sie in den berühmten Zebrastreifen und flog nach Afrika, um mit den großen Tierzählungen zu beginnen. Das Projekt hatte einen hohen persönlichen Preis: Am 10. Januar 1959 stürzte Michael Grzimek mit seiner Maschine östlich der Serengeti ab. Doch der Film der beiden, der ihre Arbeit in Ostafrika dokumentiert, wurde zum Welterfolg. *Serengeti darf nicht sterben* erhielt 1960 einen Oscar, das gleichnamige Buch wurde in über 20 Sprachen übersetzt.

Auch heute noch ist der Name Grzimek eng mit der Serengeti verbunden. Dieser einzigartige Nationalpark im Norden Tansanias ist der Inbegriff afrikanischer Wildnis, eine Jenseits-von-Afrika-Landschaft, ein roter Sonnenaufgang hinter einer allein stehenden Akazie. Mehr als 100 000 ausländische Besucher kommen pro Jahr in den Park, der mit 14 763 Quadratkilometern fast so groß ist wie Thüringen. Sie erleben dort

RECHTE SEITE:
Die Tiere scheinen Bernhard Grzimek geliebt zu haben. Vielleicht ahnte dieses Nashorn auf einer Tierfarm, wie sehr sich der Deutsche für das Überleben seiner Artgenossen in der freien Wildbahn in Afrika eingesetzt hat.

nicht nur eine atemberaubende Landschaft, hautnahe Begegnungen mit Löwen, Elefanten und Giraffen, stehen sprachlos vor Staunen vor den nicht enden wollenden Herden aus Gnus und Zebras, sondern sie werfen auch einen Blick in die Vergangenheit. Zurück in die Zeit, als Afrika noch geprägt war von vielen solchen unendlichen Wildnisgebieten, die Zeit, als Bernhard Grzimek und sein Sohn Michael mit ihrer zebragestreiften Dornier über die Savanne flogen. Dass es dieses Naturwunder heute noch in seiner unverfälschten Form gibt, dass 1,3 Millionen Gnus Hunderte von Kilometern durch die endlose Ebene wandern, daran hat Bernhard Grzimeks beharrliche Arbeit einen erheblichen Anteil.

Mehr als ein Leben

Allein die Bücher, Filme und Fernsehsendungen, die uns Bernhard Grzimek hinterlassen hat, wären genug für ein Lebenswerk. Das, was er für den internationalen Naturschutz geleistet hat, ausreichend für ein zweites. Doch zusätzlich zu all seinen abenteuerlichen Herausforderungen hatte der Forscher, Afrikareisende, Buchautor und Filmemacher Grzimek zu Hause in Deutschland einen Fulltime-Job zu bewältigen. Mehr als das: Als Direktor leitete er den Frankfurter Zoo nicht nur, er musste ihn aus Kriegsruinen überhaupt erst wieder aufbauen. Der Zoo erlangte unter Grzimek, der ihn von 1945 bis zu seiner Pensionierung 1974 führte, internationales Renommee.

Um private Spenden, Sponsorengelder und andere Zuwendungen für den Zoo einnehmen zu können, gründeten Bernhard Grzimek, Georg von Opel und einige andere Frankfurter Bürger 1950 einen Verein, die heutige »Zoologische Gesellschaft Frankfurt von 1858«. Mit dieser Gesellschaft hatte Grzimek ein Instrument an der Hand, mit dem er ab Ende der 50er Jahre seine Forschungsarbeiten, aber auch die Förderung des Naturschutzes in Afrika abwickeln konnte. Die Gesellschaft wuchs kontinuierlich und verlegte ihren Schwerpunkt von der Zooförderung immer stärker auf die Förderung von Grzimeks Naturschutzvorhaben in fernen Ländern und in Deutschland. Praktischer Naturschutz und Unterstützung dort, wo es nötig war, das waren die vereinfachten Förderkriterien von Grzimek und der Gesellschaft.

Ganz Deutschland trauerte, als Professor Bernhard Grzimek am 13. März 1987 während eines Besuchs der Nachmittagsvorstellung im Zirkus Williams-Althoff starb. Die Tigernummer an diesem Freitag, dem dreizehnten, hatte gerade begonnen, als sein Herz im Alter von 77 Jahren stehen blieb. Ein Leben für die Tiere war in einem Rahmen zu Ende gegangen, wie selbst Hollywood ihn nicht besser hätte inszenieren können. Von frühester Jugend an hatte Grzimeks ganzes Wirken und Schaffen den Tieren gegolten, der Erforschung ihres Verhaltens, ihrer Zucht und dem Kampf um ihre Würde und ihren Schutz. Von diesem Engagement geblieben sind uns nicht nur seine Filme und seine zahlreichen Bücher, sondern auch große Naturgebiete und Nationalparks in verschiedenen Ländern dieser Erde. Ohne den engagierten Einsatz des resoluten Tierarztes wären sie heute sicherlich nicht mehr so, wie sie sind.

SERENGETI | TANSANIA
WILDNIS UND TIERPARADIES
01

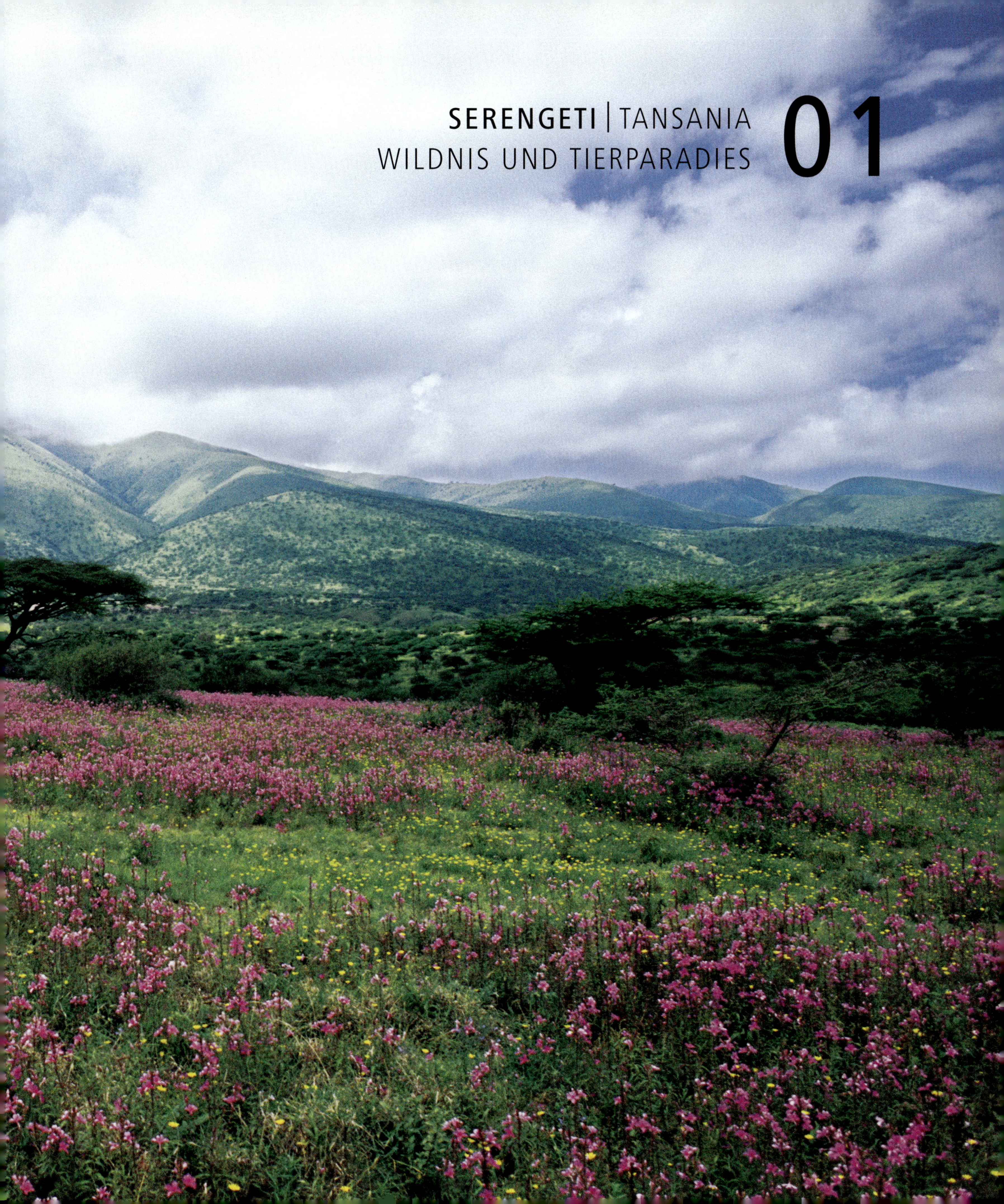

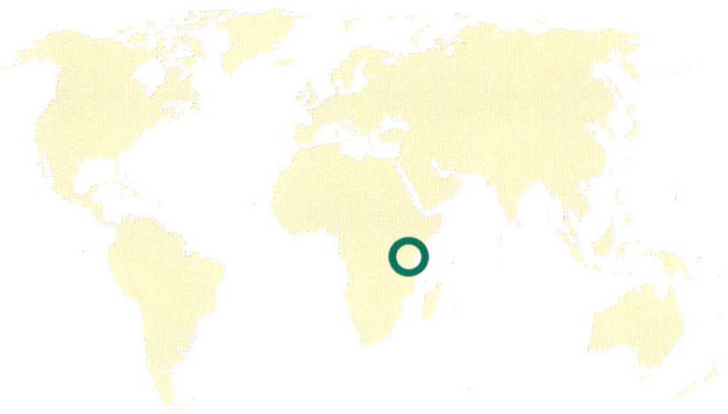

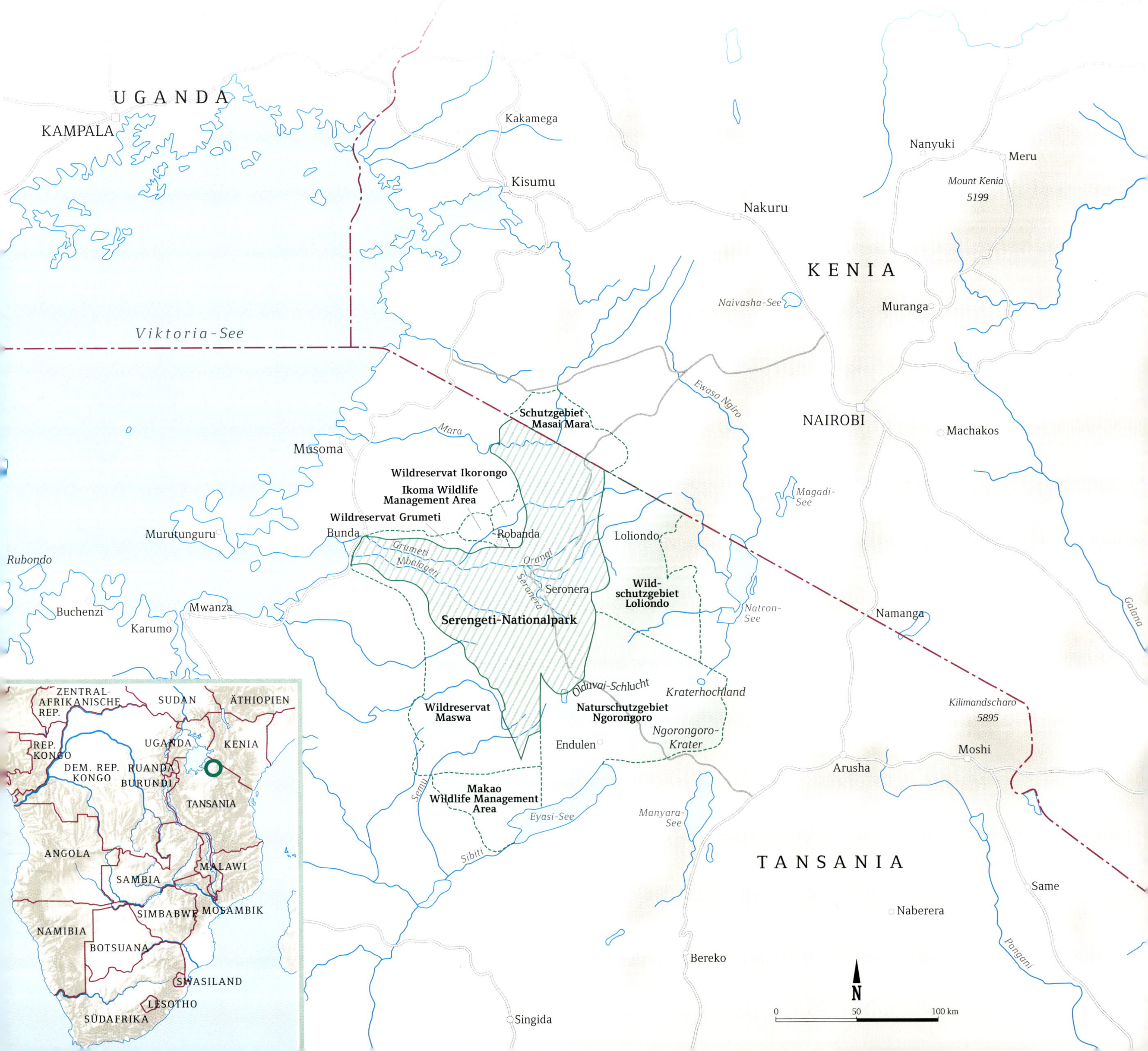
UGANDA
KAMPALA
Kakamega
Kisumu
Nakuru
Nanyuki
Meru
Mount Kenia
5199
KENIA
Naivasha-See
Muranga
Viktoria-See
Ewaso Ngiro
NAIROBI
Machakos
Schutzgebiet
Masai Mara
Mara
Musoma
Wildreservat Ikorongo
Ikoma Wildlife
Management Area
Wildreservat Grumeti
Magadi-
See
Murutunguru
Bunda
Robanda
Loliondo
Rubondo
Grumeti
Mbalageti
Orangi
Seronera
Seronera
Wild-
schutzgebiet
Loliondo
Buchenzi
Mwanza
Karumo
Natron-
See
Namanga
Galana
Serengeti-Nationalpark
Olduvai-Schlucht
Kraterhochland
Kilimandscharo
5895
Wildreservat
Maswa
Naturschutzgebiet
Ngorongoro
Ngorongoro-
Krater
Endulen
Moshi
Arusha
Makao
Wildlife Management
Area
Semu
Eyasi-See
Manyara-
See
Sibiti
TANSANIA
Same
Naberera
Bereko
Pangani
Singida
N
0
50
100 km
ZENTRAL-
AFRIKANISCHE
REP.
SUDAN
ÄTHIOPIEN
REP.
KONGO
UGANDA
KENIA
DEM. REP.
KONGO
RUANDA
BURUNDI
TANSANIA
ANGOLA
MALAWI
SAMBIA
SIMBABWE
MOSAMBIK
NAMIBIA
BOTSUANA
SWASILAND
LESOTHO
SÜDAFRIKA

Wer die großen Herden marschieren sieht, wird andächtig.

BERNHARD GRZIMEK, 1959

Serengeti – Wildnis und Tierparadies

Der Name Serengeti steht für Wildnis, Tiere und die Sehnsucht nach Afrika. In der Tat gibt es kaum einen Ort, an dem man jetzt noch so eindrucksvoll erleben kann, wie die Savannen des Kontinents einst gewesen sein müssen. Dank Bernhard Grzimek ist die Serengeti heute noch so einzigartig wie vor fünfzig Jahren. Doch die Herausforderungen, vor denen sie steht, sind groß.

Die Nacht war unruhig gewesen. Selbst nach drei Jahrzehnten in der ostafrikanischen Wildnis brachten ihn die nächtlichen Geräusche und die Schreie der Beute auf der Flucht vor den Jägern noch manchmal um den verdienten Schlaf. Das tiefe Grollen einer Herde Elefanten an der Terrasse, das Schnauben eines grasenden Büffels unmittelbar vor dem Fenster oder das Krachen kämpfender Flusspferdbullen hatten Markus Borner schon so manche Stunde unbeschwerter Nachtruhe geraubt. Dann lag er beunruhigt im Bett und hoffte, die Tiere würden nicht allzu viel Schaden rund ums Haus anrichten. In dieser Nacht war ein neuer Mitspieler im nächtlichen Konzert aufgetaucht. Wie eine Brandungswelle kam das konstante, monotone Muhen näher, ebbte wieder leicht ab, um dann erneut anzuschwellen. Die Gnus waren da.

Seit Tagen zogen die Herden aus den Ebenen im Osten heran, jetzt hatten sie Seronera, die kleine Siedlung im Herzen des Serengeti-Nationalparks, erreicht. Wie jedes Jahr im Mai standen nun Hunderte, Tausende von Tieren rund um Markus Borners Haus, auf dem Fußballplatz des Ortes, auf der Landepiste, auf der Straße, einfach überall. Auf ihrer nie endenden Wanderung streben sie Richtung Westen. Eine grandiose Zeit für die Löwen und Hyänen der Gegend. Das Futter zog direkt vor der Nase vorbei – man brauchte sich nur zu bedienen.

Entsprechend lebhaft war die Nacht für Markus Borner gewesen, und jetzt, beim ersten Licht des Morgens, zeigte sich das ganze Ausmaß des Dramas, das sich nachts unmittelbar vor seinem Schlafzimmerfenster abgespielt hatte. Ein Kampf auf Leben und Tod. Ein Kampf, den ein junges Gnu eindeutig verloren hatte. Wohlgesättigt lagen zwei Löwinnen schlafend neben ihrer Beute. Keine 20 Meter vom Eingang zu Borners Haus und dem angrenzenden Bürogebäude der ZGF entfernt hatten es sich die Raubtiere gemütlich gemacht und wachten über das halb aufgefressene Gnu. Ein Bild wie aus einem Tierfilm, in dem der Sprecher gleich sagen wird, dass die Wildnis nun mal so ist – da heißt es fressen und gefressen werden.

Markus Borner hat für philosophische Betrachtungen dieser Art an diesem Morgen wenig Zeit. Er ist bei Sonnenaufgang mit seinem Kollegen Grant Hopcraft zum Flug über die Serengeti verabredet. Gemeinsam müssen sie sich auf die Suche nach einem Gnu machen, dessen Sendehalsband signalisiert, dass die Batterie zur Neige geht. Höchste Zeit, das Gnu zu finden, denn wenn die Signale verstummt sind, ist es unmöglich, das Tier aufzuspüren. Eines unter 1,2 Millionen Gnus, eine Nadel im Heuhaufen.

VORHERGEHENDE DOPPELSEITE:
Nach der Regenzeit blüht es überall in der Serengeti, die Wasserlöcher sind gefüllt, und das Gras wächst. Eine wahre Zeit des Überflusses für viele Tiere.

Die Wanderung der großen Gnuherden wird seit Jahrzehnten genau untersucht. Aber nehmen die Zebras die gleiche Route? Oder kennen sie Abkürzungen? Halsbandsender, die kontinuierlich Positionsdaten liefern, werden dieses Rätsel lösen.

Moderne Halsbandsender sind klein und stören die Tiere nicht. Sie zeichnen in regelmäßigen Abständen die Position des Tieres auf. So lässt sich dessen Wanderung über das Jahr hinweg verfolgen.

RECHTE SEITE:
Was vom Leben übrig bleibt ... Die Tüpfelhyäne sorgt dafür, dass das, was die anderen Räuber übrig gelassen haben, bis auf den letzten Rest verspeist wird.

Das Halsband ist schon ein paar Jahre alt, entspricht nicht mehr dem neusten Stand der Technik. Seinen Verlust würde Hopcraft in Kauf nehmen, doch die darauf gespeicherten Messwerte will der GIS-Fachmann, der das Geografische Informationssystem für den Nationalpark mit Informationen füttert, um keinen Preis verlieren. Seit vielen Jahren gewinnt die ZGF mit Hilfe solcher Halsbänder Daten über die Wanderung der großen Gnuherden. Einzelne Tiere tragen diese Messgeräte, die wie Kuhglocken um ihren Hals hängen und alle sechs Stunden die Position des Tieres aufzeichnen. Ermittelt wird diese wie bei den Navigationsgeräten im Auto per GPS. Sobald alle Messpunkte in die Datenbank des GIS eingespeist sind, lassen sich daraus Karten über die Wanderung der Tiere im Jahresverlauf generieren.

Für gut zehn Monate reicht die Energieversorgung der Halsbänder aus, die über ein UKW-Signal in regelmäßigen Abständen den Standort kundtun. Borner und Hopcraft müssen lediglich mit ihrem kleinen Flugzeug über die Herden fliegen und mit einer Antenne die mit Sender ausgestatteten Tiere anpeilen. Ist ein solches Tier geortet, können beim Überfliegen die Daten auf den Laptop im Flugzeug heruntergeladen werden. Die Halsbandbatterie des Gnus, das die beiden an diesem Morgen finden wollen, ist bereits so schwach, dass das Gerät nur noch im Notbetrieb sein Signal sendet. Finden sie das Tier heute nicht, wird Grant sein wanderndes Messgerät wohl abschreiben müssen.

Doch erst einmal liegen die Löwen im Weg. Den Büroalltag werden die Großkatzen wohl eine Weile durcheinanderbringen, denn vorläufig ist es viel zu riskant, vor die Tür zu treten. Borner und seine nach und nach eintreffenden Kollegen sehen es gelassen und legen an diesem Morgen jeden noch so kurzen Weg mit dem Landrover zurück – sogar die fünf Meter bis zur Toilette.

Borner und seine Leute sind mittendrin, mitten im Herzen des Serengeti-Nationalparks. Wollte man einen Film über diesen legendären Park, seine wilden Tiere und die unbeschreibliche Schönheit seiner Landschaft drehen, bräuchte man die Kamera nur aus dem Fenster zu halten. Man hätte spielende Paviane, grasende Zebras, neugierige Hyänen, anmutig vorbeistolzierende Giraffen oder bei Nacht Flusspferde vor der Linse – ohne auch nur einmal den bequemen Safaristuhl verlassen zu müssen.

Die Cessna der Zoologischen Gesellschaft Frankfurt fliegt für die Tierzählungen im Tiefflug über die Serengeti.

Mit der außen am Flügel angebrachten Antenne lassen sich besenderte Tiere aus der Luft aufspüren.

VORHERGEHENDE DOPPELSEITE: Rund 1,5 Millionen Gnus und Zebras ziehen heute durch die Serengeti. Als die Grzimeks 1959 über die weiten Ebenen flogen, hatte der Bestand wegen der Rinderpest nur gut ein Zehntel der heutigen Größe.

Frankfurt, wie das Ensemble aus mehreren kleinen Wohnhäusern und einem Büro hier genannt wird, liegt in Seronera im Zentrum des Nationalparks und ist seit gut 50 Jahren das Afrikabüro der Zoologischen Gesellschaft Frankfurt. Tagsüber geht es hier zu wie in einem Bienenstock, es herrscht ein ständiges Kommen und Gehen. Der Veterinär des Parks kommt, um sich mit den Wissenschaftlern zu besprechen, die Ranger, um zu klären, wann ihr Fahrzeug zur Wartung in die ZGF-Werkstatt gebracht werden kann, und der Chef einer Dorfgemeinschaft außerhalb der Serengeti, um mit Joe ole Kuwai zu beraten, wie Naturschutz und der Ackerbau in seinem Dorf künftig Hand in Hand gehen können. Joe ole Kuwai ist Massai und kennt die Nöte der Menschen. Er ist seit 20 Jahren der engste Mitarbeiter von Markus Borner. »Joe, halt die Stellung!«, ruft Markus Borner seinem Stellvertreter noch zu und macht sich dann mit dem Landrover auf den Weg zu dem kleinen Airstrip am Rand von Seronera, wo seine Cessna unter einem einfachen Wellblechdach steht.

Grant Hopcraft steht bereits neben der Maschine und montiert an den Holmen einer Tragfläche die Antenne, mit der das Gnu-Signal aufgefangen wird. Ein kurzer, routinierter Check der Maschine, und schon rumpelt die Cessna mit Markus Borner am Steuerknüppel den Feldweg entlang zur Startbahn. Mitten auf der Piste stehen mehrere Zebra-Grüppchen, die irgendwie den Anschluss an die großen Herden verpasst zu haben scheinen. Gelassen traben sie beiseite und geben den Weg frei für das kleine viersitzige Flugzeug.

Tiere auf dem grasbewachsenen Rollfeld sind nicht ungefährlich, denn ein Zusammenstoß beim Start oder bei der Landung wäre für Tier und Pilot gleichermaßen fatal. Doch Markus Borner gehört zu den erfahrenen Piloten. Mehr als 10 000 Flugstunden stehen in seinem Logbuch, die meisten davon hat er im Tiefflug über Afrika absolviert. Er kennt die Gefahren der Fliegerei hier draußen, wo große Vögel auf Kollisionskurs gehen können, wo das Wetter plötzlich umschlagen kann oder in einer improvisierten Landebahn in der Wildnis tückische Schlaglöcher lauern.

Die kleine Maschine ist das Haupttransportmittel für den ZGF-Außenposten in Seronera. Sie dient ebenso dazu, Lebensmittel im gut 300 Kilometer entfernten Arusha einzukaufen, wie regelmäßig Kontakt zu den anderen Projektgruppen in Ostafrika zu halten. Und sie dient der Tierzählung aus der Vogelperspektive.

Tierzählung aus der Luft

Alle zwei Jahre werden die Gnuherden gezählt. Entlang imaginärer Bahnen fliegt Borner im Zickzack die Serengeti ab – einige Kilometer schnurgeradeaus, wenden, parallel zur ersten Bahn zurück und so weiter. Stundenlang muss er sich konzentrieren, um genau auf Kurs zu bleiben und exakt die Höhe zu halten. Eine in den Boden des Flugzeugs eingelassene Digitalkamera fotografiert in regelmäßigen Abständen die Tiere am Boden. Diese Bilder werden anschließend am Computerbildschirm ausgezählt und hochgerechnet.

Auch andere Arten werden aus der Luft gezählt – Elefanten, Eland-Antilopen, Wasserbüffel, Giraffen. Dabei kommt es nicht darauf an, jedes einzelne Tier zu zählen, vielmehr werden exemplarische Ausschnitte der Serengeti erfasst und daraus die Bestände hochgerechnet. Auf diese Weise erhält der Nationalpark seit Jahrzehnten kontinuierlich Daten über die Bestandsentwicklung der großen, die Ökologie des Systems Serengeti prägenden Tierherden. Aber nicht nur die ist von Interesse. Ebenso wichtig ist eine andere Frage, die sich den Managern des Nationalparks wie auch den Ökologen stellt: Wie und wohin ziehen die Tiere? Die Antwort darauf liefern die mit Halsbandsendern versehenen Tiere innerhalb einer Herde.

In regelmäßigen Abständen werden auch die Giraffen der Serengeti aus der Luft gezählt. Da sie einzeln oder in kleineren Gruppen unterwegs sind, kann die Anzahl der Tiere genau ermittelt werden.

Bei Tieren, die wie die Impalas in größeren Herden leben, kann nicht jedes einzelne Tier gezählt werden. Die Bestände werden aufgrund der Daten, die die Luftbilder liefern, hochgerechnet.

FOLGENDE DOPPELSEITE:
Giraffen sind die anmutigsten Tiere in der Serengeti. Rund 7000 leben im Nationalpark und den angrenzenden Schutzgebieten.

Die Grzimeks – Pioniere der ökologischen Forschung

Tiere mit satellitengestützten Ortungssystemen der neuen Generation, die per Handyanruf ihre Position an einen Computer in der Zentrale übermitteln, waren noch Zukunftsmusik, als Bernhard Grzimek und sein Sohn Michael im Jahr 1958 zum ersten Mal der Frage nachgingen, wohin die Herden wandern. Im Dezember 1957 waren die beiden Grzimeks mit ihrer zebragestreiften Dornier 27 von Frankfurt aus in die Serengeti geflogen, um einem der großen Tierrätsel auf den Grund zu gehen.

Bereits einige Jahre zuvor hatte die britische Kolonialregierung Tanganjikas eine Untersuchung der Gnubestände in Auftrag gegeben. Die Studie sollte die Grundlage für eine neue Grenzziehung des Serengeti-

Die Leidenschaft für das Filmemachen hat Bernhard Grzimek von seinem Sohn Michael übernommen. Dieser war die treibende Kraft, den Dokumentarfilm über die Serengeti zu machen.

RECHTE SEITE:
Mit ihrer zebragesteiften Dornier überflogen die Grzimeks 1958 die Serengeti und zählten die Tiere aus der Luft. Sie beobachteten als Erste, wie die Herden im Jahresverlauf wandern, und folgerten daraus, dass diese beeindruckende Migration höchst gefährdet wäre, wenn die Parkgrenzen, wie damals geplant, verändert würden.

Nationalparks sein. Man plante, den Park, der sich damals vom westlichen Korridor bis zum Ngorongoro-Krater erstreckte, zu halbieren und den östlichen Teil – die heutige Ngorongoro Conservation Area – abzutrennen. Im Norden wollte man dem Park dafür neues Land dazugeben.

Bernhard Grzimek zweifelte das Vorhaben und vor allem die ermittelten Wanderrouten der Herden vehement an. Seiner Meinung nach waren die Pläne der Kolonialregierung eine Katastrophe für die Tierwanderung. Große Gebiete, die die Herden zum Weiden brauchten, würden aus dem Schutzgebiet ausgegliedert und damit für immer zerstört. Mit dem Flugzeug wollten er und sein Sohn den Nachweis über die tatsächlichen Wanderrouten liefern.

Was heute zu den klassischen Methoden der ökologischen Forschung gehört, war in der damaligen Zeit Neuland. Wildtiere zu fangen, zu markieren, sie vom Flugzeug aus zu orten und aus diesen Daten ihre Wanderrouten zu berechnen – das hatte vor den Grzimeks in diesem Umfang noch niemand getan. Doch womit markiert man Tiere so, dass man sie aus der Luft erkennen kann? Und wie bringt man eine solche Markierung überhaupt an einem Wildtier an? Vater und Sohn Grzimek experimentierten zunächst mit Haarfärbemitteln, mit denen sie Zebras gelb markierten. Doch kaum hatten sich die Tiere im Schlamm gesuhlt, war von der Farbe nichts mehr zu sehen. Ohrmarkierungen erwiesen sich als zu klein, Lederhalsbänder als unpraktisch und schlecht zu erkennen. Am Ende kam den Grzimeks eine neue europäische Mode zugute: bunte, robuste Nylongewebe zur Bespannung von Liegestühlen. Daraus ließen sich haltbare bunte Halsbänder nähen, die aus der Luft gut zu sehen waren und die Tiere nicht behinderten. In Cowboy-Manier fingen die beiden Zebras und Gnus ein, um ihnen die leuchtenden Kunststoffbänder umzulegen.

»Wer die großen Herden marschieren sieht, wird andächtig«, schrieb Grzimek 1959 – obwohl er damals vergleichsweise kleine Herden von nicht mehr als 156 000 Gnus und Zebras vorfand. Heute sind sie zehnmal so groß. Die Gnubestände der Serengeti waren zum damaligen Zeitpunkt auf einen kleinen Rest zusammengeschmolzen, denn die seit Ende des 19. Jahrhunderts in Ostafrika grassierende Rinderpest hatte gut 95 Prozent der Huftierbestände dahingerafft. Erst als man 1963 begann, die Kühe rund um den Park mit einem neuen Impfstoff gegen Rinderpest zu impfen, endete die ständige Ansteckung der Wildtiere, und die Gnubestände konnten sich langsam erholen.

Umso bemerkenswerter ist, dass Grzimek trotz der wenigen Tiere die ungeheure Bedeutung der großen Migration erkannte. Die von ihm beobachteten Wanderrouten entsprachen nicht ganz den heutigen Wegen

D-ENTE

Mit seinem Sohn Michael verband Bernhard Grzimek mehr als eine Vater-Sohn-Beziehung. Michael war sein bester Freund und wichtigster Verbündeter. Sein tödlicher Flugzeugabsturz 1959 war für den Vater unerhört schmerzlich und hätte um ein Haar das Ende seines Engagements für Afrikas Tierwelt bedeutet.

Tiefe Freundschaft und gegenseitiger Respekt verbanden Bernhard Grzimek und den tansanischen Staatspräsidenten Dr. Julius Nyerere.

RECHTE SEITE:
Im Serengeti-Ökosystem leben rund 3000 Löwen.

der Herden, aber dennoch wurde Grzimek eines bewusst: Würde man die Zugwege der großen Wanderung blockieren, den Tieren ihre Weidegründe nehmen, dann würde nicht nur eines der faszinierendsten Tierschauspiele unserer Erde für immer verschwinden, sondern das Fehlen der Gnus würde auch das gesamte Serengeti-Ökosystem aufs Empfindlichste treffen. Ihm war klar, dass er diese drohende Katastrophe verhindern musste. Und ihm war auch klar, dass dies nur mit großer internationaler Aufmerksamkeit gelingen würde. Mit dem Film *Serengeti darf nicht sterben* schaffte er es in der Tat, weltweit so viel Interesse zu wecken, dass der Park letztendlich gerettet wurde.

Dass wir heute, gut 50 Jahre nach dem Welterfolg von *Serengeti darf nicht sterben*, die Faszination Serengeti noch immer erleben können, ist großenteils Grzimeks Engagement zu verdanken. Denn er hat es nicht bei seinem flammenden Appell belassen. Über Jahrzehnte hat er mit finanziellen Mitteln der Zoologischen Gesellschaft Frankfurt Unterstützung geleistet und Strukturen aufgebaut, um der Nationalparkbehörde TANAPA (Tanzania National Parks) langfristig ein verlässlicher und ebenbürtiger Partner zu sein.

Eine langfristige Partnerschaft

Grzimeks Freundschaft mit Dr. Julius Nyerere, dem Staatspräsidenten der jungen unabhängigen Republik Tansania, trug wesentlich dazu bei, dass zwischen dem Serengeti-Nationalpark und der ZGF eine einzigartige Beziehung entstand. Nyerere hatte die Bedeutung der Wildnisgebiete für Tansanias Zukunft erkannt und erklärte es zu seinem politischen Ziel, die natürlichen Ressourcen des Landes zu schützen. »Indem wir das Mandat für die Bewahrung unserer Wildbestände annehmen, erklären wir feierlich, dass wir alles in unserer Macht Stehende tun werden, um sicherzustellen, dass sich auch unsere Urenkel noch an diesem reichen und wertvollen Erbe erfreuen können«, erklärte Nyerere 1961 in seinem berühmten Arusha-Manifest.

Nyerere meinte es ernst, und die ZGF wollte Tansania bei dieser Aufgabe unterstützen. Wie elementar die kontinuierliche Hilfe aus Frankfurt war, zeigte sich besonders in den Krisenzeiten, als Infrastruktur und

Finanzen des Nationalparks am Boden waren. Die politische Krise zwischen Kenia und Tansania hatte 1977 zur Schließung der Grenze geführt, und der Strom an Safari-Touristen, der überwiegend über diese Grenze in den Serengeti-Nationalpark gekommen war, versiegte innerhalb kürzester Zeit. Die jährliche Besucherzahl sank von gut 70 000 auf unter 10 000 und blieb über Jahre hinweg auf diesem Niveau.

Der Zusammenbruch des Tourismus und damit der finanziellen Basis des Nationalparks hatte fatale Folgen. Die Gehälter der Wildhüter konnten nicht mehr bezahlt und keine Patrouillen mehr durchgeführt werden. Den wenigen verbliebenen Rangern fehlte es an tauglicher Ausrüstung, an eine Reparatur ihrer defekten Fahrzeuge war kaum zu denken. Die Parkverwaltung hatte der schnell einsetzenden ausgedehnten Wilderei kaum etwas entgegenzusetzen. Vor allem Elefanten und Nashörner fielen den wildernden Banden in großen Mengen zum Opfer. Innerhalb weniger Jahre verlor die Serengeti fast alle ihre Nashörner. Von den über 2000 Nashörnern, die in den 1960ern das Serengeti-Mara-Ökosystem durchstreift hatten, waren zu Beginn der 1980er Jahre kaum mehr welche übrig. Nur einige wenige Tiere in den Moru Kopjes waren dem Gemetzel entkommen, ansonsten gehörte *Diceros bicornis michaeli*, das Östliche Spitzmaulnashorn, in der Serengeti der Vergangenheit an.

Krisenzeiten und Wilderei

Mitten in diesen Krisenzeiten schickte Grzimek einen jungen Schweizer Biologen in die Serengeti, um die Frankfurter Unterstützung vor Ort zu koordinieren. Markus Borner zog 1984 mit seiner Frau und zwei kleinen Kindern in das einfache Haus im Herzen des Nationalparks, das noch heute das Hauptquartier der ZGF ist. »Das waren beileibe keine einfachen Zeiten damals«, erinnert sich Borner an seinen ersten Besuch in der Serengeti. »Die Ranger verdienten ohnehin nur sehr wenig, und nun hatten sie zwischen November und Februar überhaupt kein Geld bekommen. Der Park hatte nichts. Es gab kein Benzin und auch sonst nichts zu kaufen. Die Leute begannen damals notgedrungen mit der Wilderei, um ihre Familien zu ernähren.«

Bis in die 80er Jahre war Wilderei ein großes Thema in der Serengeti. Besonders Elefanten und Nashörner fielen Wilderern in großen Mengen zum Opfer.

In dieser Situation übernahm die ZGF fast die Hälfte des Budgets, das die Nationalparkbehörde benötigte, um den Betrieb des Parks weiter aufrechterhalten zu können. Während Markus Borner vor Ort tätig war, bat Bernhard Grzimek in seinen Fernsehsendungen und öffentlichen Auftritten unermüdlich um Spenden. Seitdem fließt im Durchschnitt jährlich rund eine Million Euro aus Frankfurt in die Serengeti, die damit zu einem der sichersten Parks in Afrika wurde. Mittlerweile kann sie auch andere, weniger bekannte Nationalparks in Tansania mitfinanzieren.

Wichtig, so sagt Markus Borner heute, sei immer gewesen, den Nationalpark dort zu unterstützen, wo konkrete Hilfe erforderlich war. Frankfurt, wie die ZGF in Afrika genannt wird, errichtete Rangerposten, investierte in die Aus- und Weiterbildung der Parkranger und zahlte in Notzeiten auch Gehälter. Frankfurt steht in der Serengeti seit jeher für praktische Hilfe dort, wo sie gebraucht wird.

Naturschutz mit Computer und Schraubenzieher

In Leonardo Fungos Werkstatt herrscht Ordnung. Auf dem Hof schweißen zwei Mechaniker ein abgebrochenes Blech an einen Landrover, bei dem das Gorilla-Logo und die Aufschrift »Serengeti Ecology Team« vor lauter Schlammspritzern kaum noch zu sehen sind. »Seht zu, dass ihr fertig werdet«, ermahnt Fungo seine Mechaniker, die mit Hingabe an dem Blech herumschweißen, »die Vets haben einen Platten und müssen los.« Die Tierärzte werden draußen im Park gebraucht – da muss das Ökologenteam eben noch ein bisschen auf sein Fahrzeug warten.

In seinem kleinen Büro führt der Werkstattleiter auf einer großen Wandtafel eine Übersicht, welches Fahrzeug wann zur Wartung ansteht, wo nach den Stoßdämpfern zu sehen ist, wo neue Bremsbeläge oder neue Reifen fällig sind. Die Beanspruchung der Fahrzeuge hier draußen ist enorm. Dass sie jederzeit einsatzfähig und vor allem zuverlässig sind, ist eine Grundvoraussetzung für jegliche Arbeit in den Weiten des Serengeti-Nationalparks, wo kein Abschleppdienst kommt, wenn man in einer entlegenen Region liegen bliebt.

Rund 20 Geländefahrzeuge hat der Nationalpark im Einsatz – die Ranger, Tierärzte, Ökologen sind alle darauf angewiesen, mit ihren Landrovern tagtäglich im Park unterwegs zu sein. Hinzu kommen die ZGF-eigenen Fahrzeuge sowie Autos von Wissenschaftlern, die in der Serengeti forschen und Fungos Dienste ebenfalls in Anspruch nehmen dürfen. Ein Tag ohne Fahrzeug ist ein verlorener Tag, Fußmärsche sind wegen der Entfernungen und der Wildtiere unmöglich und außerdem verboten. Fungo und sein Mechanikerteam gehören daher zu den Schlüsselstellen für einen reibungslosen Betrieb im Nationalpark. Ohne sie würden defekte Rangerfahrzeuge ungenutzt auf ihren Posten stehen bleiben, und Wilddiebe könnten unbehelligt ihrem Handwerk nachgehen.

Werkstattalltag regeln, Ersatzteile bestellen, E-Mails beantworten – nicht gerade das Bild, das man vor Augen hat, wenn die Rede von Naturschutzeinsatz in einem der legendärsten Nationalparks der Erde ist. Doch das naive Daktari-Bild, das sich so mancher gern vom Alltag in Seronera macht, trägt nicht. Hier liegen

In der ZGF-Werkstatt werden die Fahrzeuge des Nationalparks instand gehalten, damit Ranger und Tierärzte stets einsatzbereit sind.

Leonardo Fungo hat die Verantwortung für die Werkstatt und alle Fahrzeuge.

Markus Borner leitet seit 25 Jahren das Afrika-Programm der Zoologischen Gesellschaft Frankfurt. Er lebt und arbeitet mitten in der Serengeti.

Das Team der ZGF in Seronera koordiniert alle Projekte in Ostafrika.

keine zahmen Geparden unter dem Schreibtisch, und es gibt auch keine Station, in der kranke oder verletzte Wildtiere aufgepäppelt und kuriert werden. Auch die Tage, an denen Markus Borner in die Cessna oder den Landrover steigt und seiner ureigentlichen Feldbiologenarbeit nachgehen darf, sind mittlerweile eher die Ausnahme als die Regel.

Vielmehr laufen im Africa Regional Office der ZGF die Fäden für die gesamte Koordination aller Projekte in Ostafrika zusammen. Der Schutz der Berggorillas im Kongo, die Wiederansiedlung der Nashörner in Sambia, die Entwicklung des Bale-Nationalparks in Äthiopien – alle diese Projekte steuern letztendlich Borner und seine Mitarbeiter in Seronera. Sie müssen den Mitgliedern der Gesellschaft oder externen Geldgebern gegenüber die Projekte verantworten, den Naturschützern vor Ort ein ebenbürtiger und verlässlicher Partner sein. Das bedeutet Budgets aufstellen, Förderanträge schreiben, Verträge aushandeln, Partner suchen, Sponsoren gewinnen, Projekte evaluieren und vieles mehr. Schreibtischarbeit, die plötzlich Managerqualitäten fordert von Biologen, die aus Liebe zur Natur und zu den Tieren diesen Beruf gewählt haben.

Ein Ökologie-Lehrstück par excellence

Fast 1,5 Millionen Tiere wandern heute im Uhrzeigersinn durch das Serengeti-Ökosystem, bringen in den weiten Ebenen im Osten ihre Jungen zur Welt, durchqueren den von Krokodilen wimmelnden Grumeti-Fluss, ziehen im Westen durch die Felder und Dörfer außerhalb des Parks und streben unaufhaltsam dem einzigen Wasserreservoir in der Trockenzeit zu, dem Mara-Fluss. Hier oben im Grenzgebiet zwischen Tansania und Kenia können sie die harten Wochen der Trockenzeit überstehen und treten dann, den Niederschlägen folgend, erneut den langen Weg ihrer nie endenden Reise an.

Das geht seit Jahrtausenden so. Seit Jahrtausenden hat sich ein System eingespielt, das aus Geben und Nehmen besteht, aus Fressen und Gefressenwerden. Die großen Herden folgen dem Regen, der das Gras in den Ebenen wachsen lässt und damit der eigentliche Motor für die Wanderung ist. Die Herden wiederum bilden die Existenzgrundlage für eine Vielzahl von Räubern, vom imposanten König der Tiere bis hin zu den Reste verwertenden Hyänen. In der Serengeti bestimmen nicht die Räuber, wie groß die ziehenden Herden werden, sondern der Regen und mit ihm das Futter. Erst durch das Anwachsen der Gnubestände ab den 1960er Jahren konnten sich allmählich auch die Löwen und Hyänen vermehren.

»Doch es wurden nicht etwa deshalb mehr Löwen, weil mehr Gnus als Beute herumliefen, sondern weil plötzlich mehr Wald da war, in dem sie sich verstecken und erfolgreicher jagen konnten«, erläutert Markus Borner lachend und gibt damit nur einen kleinen Einblick in die komplizierten Zusammenhänge innerhalb des Ökosystems. Die Zunahme der Gnus hatte in der Tat dazu geführt, dass in der Serengeti ab den 1970er Jahren mehr Bäume wachsen konnten. Da die Gnus das Gras abweideten, blieb es kurz, und die Buschbrände verloren somit an Intensität. Dadurch wiederum bekamen die Bäume eine Chance.

Es gibt kaum ein Ökosystem auf der Erde, das so dynamisch ist wie die Serengeti und wo ökologische Zusammenhänge auch für den Laien so offensichtlich werden. Jede Art hat ihre Funktion im diffizilen Gesamtökosystem, selbst der unscheinbare Mistkäfer. Ohne Unterlass rollen Millionen von Mistkäfern Kotballen aus der Hinterlassenschaft der großen Säuger, vergraben sie und bringen dadurch Nährstoffe in den Boden ein. Rund 4000 Tonnen Dung – diese Menge würde einen Güterzug mit 200 Waggons füllen – werden pro Tag von den fleißigen Käfern vergraben. Ohne sie würden die Nährstoffe vom Regen weggeschwemmt, bekäme das Gras keinen Dünger, hätten die Herden kein Futter.

Das Ökosystem Serengeti ist komplex. Drehen wir an einem Ende des Systems nur ein bisschen an einem Rädchen, kann das am anderen Ende Folgen haben, die viel größer sind, als wir uns das jemals vorgestellt haben. Und obwohl Generationen von Wissenschaftlern seit Jahrzehnten unzählige Details der komplexen Zusammenhänge des Systems ergründet haben, können wir nicht mit absoluter Sicherheit voraussagen, was geschehen wird, wenn sich wesentliche Parameter verändern.

Mit großer Sorge betrachten Wissenschaftler daher die Entwicklungen im Norden des Ökosystems, jenseits der tansanischen Grenze. Die zunehmende Zahl von Menschen im Süden Kenias erfordert eine neue

Ausgehend von Bernhard Grzimeks Initiative fördert die ZGF die Aus- und Weiterbildung von Nationalpark-Rangern am Mweka Wildlife College.

Ein Bildungsprojekt ermöglicht es tansanischen Schulkindern, mit einem Safari-Bus durch die Serengeti zu fahren. Die meisten von ihnen haben noch nie eines der imposanten Großtiere ihrer Heimat gesehen.

Leopard, Büffel, Nashorn, Elefant und Löwe wurden früher von den Großwildjägern als die Big Five bezeichnet. Von jeder Art musste der respektable Jäger mindestens ein Exemplar erlegt haben. Heute gehören die Arten zu den fünf Favoriten der Fotojäger.

Infrastruktur und mehr landwirtschaftliche Fläche und führt zu stärkeren Eingriffen in die natürlichen Ressourcen. Mehr als hundert Kilometer nördlich der Nationalparkgrenze liegt der Mau-Wald. Da er so weit entfernt ist, könnte man meinen, dass er für die Wildtiere der Serengeti keine Rolle spielt. Doch der Mau-Wald bildet eine elementare Grundlage für das gesamte Serengeti-Ökosystem, denn dort sammelt sich das Wasser, das über verschiedene Zuflüsse den Mara-Fluss speist und damit – noch – die Lebensader des Systems versorgt. Der Mara ist die einzige Wasserquelle für die Herden während der Trockenzeit. Die Bewässerung der Getreidefelder im Norden der Mara-Region entzieht dem Fluss schon heute große Mengen Wasser, vor allem in der Trockenzeit, wenn er ohnehin weniger Wasser führt.

Nähme das Wasser des Mara ab oder würde er gar vollständig versiegen, wäre das das Ende der großen Migration, das Ende der großen Tierherden, das Ende der Serengeti. Einen kleinen Vorgeschmack auf das, was kommen könnte, wenn die pessimistischsten Modellrechnungen Wirklichkeit würden, hat die große Dürre im Jahr 1993 gegeben. Damals ging der Niederschlag in der Mara-Region um die Hälfte zurück. 400 000 Gnus verendeten oder wurden auf der Suche nach Wasser und Futter auf den Feldern der Bauern erlegt.

Die fortschreitende Abholzung des Mau-Waldes sowie Pläne der kenianischen Regierung, Wasser aus dem Mara zur Stromerzeugung abzuzapfen, bedrohen das Serengeti-Ökosystem heute weit mehr als zu Grzimeks Zeiten die Pläne zur Änderung der Parkgrenzen. Welchen zusätzlichen Einfluss die klimatischen Veränderungen in den nächsten Jahrzehnten haben werden, lässt sich schwer vorhersagen. Dass sie sich auswirken werden, steht jedoch außer Zweifel. Die aktuellen Szenarien der Wissenschaftler zeigen, dass die Niederschlagsmengen zunehmen, sich jedoch anders verteilen werden als heute: mehr Regen in den Regenzeiten und größere Dürren in den Trockenzeiten.

Naturschutz heißt: Bewahrung der Lebensgrundlagen

Hat das Wort Naturschutz für viele Menschen in Deutschland noch immer den Charakter von feierabendlichem Heckenpflanzen und Nistkästenbasteln, so ist die Realität vielerorts längst eine andere. Die Aufgaben, mit denen sich der Naturschutz auf internationaler Ebene konfrontiert sieht, haben sich in den letzten Jahrzehnten gewandelt. »Die Erde wird zu klein, um die ungeheure Zahl an Menschen zu ernähren, die sich ständig multiplizieren. Deswegen nimmt die Zahl der Tiere immer mehr ab.« Mit diesen Worten brachte

Bernhard Grzimek bereits Anfang der 1950er Jahre auf einen einfachen Nenner, worum es im Kern heute geht – in der Serengeti nicht anders als in anderen Gebieten auf unserem Planeten. Die stetig wachsende Bevölkerung rund um den Nationalpark und im Ökosystem stellt den Naturschutz vor neue Herausforderungen, die inzwischen durch den Klimawandel und die sich dadurch abzeichnenden Veränderungen eine ganz neue, zusätzliche Dimension erlangt haben.

»Die große Herausforderung, vor der wir heute stehen, ist, dieses einzigartige Naturgebiet um seiner selbst willen zu erhalten, um seiner Tiere willen und um seiner Landschaft willen. Und gleichzeitig den sich verändernden Rahmenbedingungen Rechnung zu tragen und den Menschen, die hier leben, eine Perspektive zu schaffen, die in Einklang steht mit der Erhaltung der natürlichen Ressourcen«, sagt Markus Borner mit Blick auf eine neue Richtung, die die ZGF zu Beginn des 21. Jahrhunderts eingeschlagen hat.

Community conservation heißt das Schlagwort, das seitdem fester Bestandteil aller Projekte der Gesellschaft in Afrika geworden ist. Das bedeutet, dass die Menschen rund um ein Schutzgebiet einbezogen werden in die Aufgabe, den Kern – etwa den Nationalpark – zu bewahren. Die bewohnten Gebiete mit unterschiedlichem Schutzstatus sollen wie Puffer wirken, die den stetig steigenden Druck auf den Nationalpark im Zentrum abfangen. Im Gegenzug erhalten die Menschen das Recht, ihr Land kommunal selbst zu verwalten. Als erfolgreiches Modell haben sich beispielsweise die an die Serengeti angrenzenden Wildlife Management Areas (WMA) erwiesen.

»Vor fünfzig Jahren hat man Fakten geschaffen, hat kurzerhand dafür gesorgt, dass die Menschen aus einem Gebiet ausgesiedelt wurden, um für Wildtiere Platz zu schaffen. So etwas geht heute nicht mehr so einfach«, erläutert Alais Kaigil. Der Tansanier ist als so genannter *community conservation officer* in den Dörfern rund um den Serengeti-Nationalpark unterwegs und trägt dazu bei, das Konzept der WMA umzusetzen. Die zugrunde liegende Idee ist simpel: Die Gemeinden bekommen das Recht, über das Land, auf dem sie leben, mitzubestimmen und zu entscheiden, wie sie ihr Wildschutzgebiet gestalten wollen; gleichzeitig müssen sie sich verpflichten, sich um den Schutz des Gebietes zu kümmern. Im ureigensten Interesse bilden die Gemeinden eigene Wildhüter aus, die Wilddiebe von ihrem Gebiet fernhalten.

Die ZGF fördert die Einrichtung von Wildlife Management Areas rund um die Serengeti seit Ende der 1990er Jahre, doch es ist ein zäher Prozess, bei dem oftmals alte Traditionen aufgebrochen werden müssen und der deshalb viel Fingerspitzengefühl verlangt. »Wir organisieren Treffen in den Dörfern, bringen die

Warzenschweinen begegnet man in der Serengeti häufig, wenn sie mit erhobenen Schwänzchen über die Straße rennen.

Der imposante Vogel Strauß ist meist nur aus der Ferne zu beobachten.

Der wahre Herrscher der Serengeti ist der Klippschliefer. Er herrscht über die charakteristischen, Kopies genannten Felsinseln in den weiten Ebenen.

FOLGENDE DOPPELSEITE:
Wenn die Gnus auf ihrer Wanderung die Flüsse Grumeti oder Mara überqueren, spielen sich oft dramatische Szenen ab. Wenn Hunderte von Tieren an einer geeigneten Stelle über den Fluss drängen, ist das für die Krokodile ein Festtag.

Die Serengeti steht vor großen Herausforderungen. Durch immer mehr Nutzvieh und Haustiere im Umkreis des Parks erhöht sich die Gefahr, dass Krankheiten wie Tollwut oder Staupe auf die Wildtiere übertragen werden.

Der Tourismus ist Segen und Fluch zugleich. Der Park ist auf die zahlenden Touristen angewiesen, und zugleich bringen die stetig wachsenden Besucherzahlen enorme Probleme mit sich.

Immer mehr Menschen leben unmittelbar an der Grenze zum Nationalpark und erhöhen damit den Druck auf den Park.

Leute an einen Tisch, schauen, wo sie Ausbildung und Hilfe benötigen, oder ganz praktisch, wo es Probleme mit der Grenzziehung gibt, aber wir sind keine landwirtschaftlichen Berater«, fasst Alais die Aufgabe der ZGF-Mitarbeiter in den Dörfern zusammen. Im Jahr 2007 wurde mit Ikona die erste Wildlife Management Area offiziell eingerichtet. Die Bewohner der Region Ikona haben sich entschlossen, auf Qualitätstourismus zu setzen. Den Jagdtourismus haben sie von ihrem Gebiet verbannt.

Rund zwei bis drei Millionen Menschen leben heute zwischen dem Ostufer des Viktoriasees und der Westgrenze des Serengeti-Nationalparks, und die Bevölkerung wächst pro Jahr um rund 3,5 Prozent. Wenn die Gnuherden im Sommer durch die Dörfer ziehen, Felder abgrasen und Saaten zertrampeln, ist der Konflikt zwischen Menschen und Wildtieren vorprogrammiert. Die Faszination ziehender Elefantenherden findet ein jähes Ende, wenn die Herde durch ein bewohntes Gebiet trampelt, Hütten zerstört und Menschenleben gefährdet.

Auch diese Konflikte versuchen Alais und seine Kollegen zu lösen. »Wir müssen Alternativen finden, die es den Menschen ermöglichen, einen vernünftigen Mittelweg zwischen der Nutzung dieser Tiere und deren Schutz zu gehen. Die Gemeinden können beispielsweise auf ihrem Land touristische Aktivitäten entwickeln, die innerhalb des Nationalparks verboten sind, etwa Wandertouren, einen speziellen Fototourismus oder auch Imkerei. Wir wiederum müssen dafür sorgen, dass diese Aktivitäten in Einklang mit den Naturschutzzielen stehen. Die Leute müssen erkennen, dass es sich für sie lohnt, die Ressourcen zu schützen, denn sonst heißt es schnell: entweder die Tiere oder wir«, so das Fazit, das Alais aus seinen vielen Gesprächen mit den Menschen in den Dörfern zieht.

Wilde Tiere, wilde Landschaft

Nirgendwo auf unserer Erde gibt es eine vergleichbare Wanderung von derart riesigen Säugetierherden wie in der Serengeti. Und nirgendwo gibt es eine so reiche Vielfalt an großen Tierarten: Gut 2000 Elefanten und 7000 Giraffen streifen durch die Ebenen, rund 3000 Löwen und 350 Geparden jagen nach Beute, mehr als 9000 Hyänen laben sich an den Kadavern, die ihnen die anderen Räuber übrig lassen. Gut 400 000 kleinere Antilopen wie Impalas, Grant- oder Thompson-Gazellen weiden im Gras, in ihrer Gesellschaft Eland-Antilo-

pen, Topis, Kongonis, Kuhantilopen, Büffel und viele andere Arten. Mehr als 300 000 Zebras mischen sich unter die 1,2 Millionen Gnus, unzählige Flusspferde liegen gemütlich in den Flüssen, Paviane und Meerkatzen turnen auf den Bäumen, und Warzenschweine rennen mit hoch erhobenem Schwanz davon. Mehr als 500 verschiedene Vogelarten beherbergt die Serengeti, eine Vielzahl kleinerer Säugetiere, nicht zu vergessen Schlangen, Frösche und selbstverständlich reichlich Insektenarten.

Doch nicht allein die vielen Superlative locken jedes Jahr mehr als 100 000 Touristen aus aller Welt in die Serengeti. Auch die Landschaft bezaubert durch ihre Ruhe, ihre endlose Weite und Schönheit – auch noch ein halbes Jahrhundert nachdem Bernhard Grzimek schrieb: »Wer in künftigen Jahrzehnten erfahren will, wie herrlich die Welt einst war, ehe Gott sie unserem Schutz und unserer Einsicht anvertraute, der muss nach der Serengeti fliegen und dort zuschauen, wie die großen Herden wandern.« Und in der Tat überkommt den Besucher in der Serengeti wie an keinem zweiten Ort der Welt das Gefühl, einen Blick zurück in eine Zeit zu werfen, als Afrika allein den Tieren gehörte, als der Mensch noch eine Randerscheinung war, als es noch keine Straßen und Städte und keine Alltagshektik gab.

Im Zentrum des Nationalparks, dort, wo sich der Safari-Tourismus ballt, kann einen hingegen schon manchmal das Gefühl beschleichen, in einem Safaripark zu sein. Wenn 20 Landrover um zwei Löwen herumstehen und jede Bewegung der Tiere von den Entzückensrufen der Touristen begleitet wird, die mit ihren Digitalkameras aus dem offenen Dach ihres Gefährts wedeln, bleibt die Faszination für wilde Tiere in gewisser Weise auf der Strecke. »Der Tourismus hat sich in der Tat in den letzten Jahren verändert«, sagt Markus Borner. »Immer mehr Veranstalter drängen auf den Markt, und die Sitten werden rauer. Natürlich möchte jeder Fahrer seinen Kunden mehr bieten als die Konkurrenz, und da muss man schon aufpassen, dass sich alle an die Spielregeln halten.« Dafür zu sorgen ist Aufgabe der Parkranger. Auf ihren täglichen Patrouillenfahrten kontrollieren sie, dass die Tour-Veranstalter nur dort fahren, wo es erlaubt ist, dass die Touristen nicht aussteigen und durch den Park spazieren, dass niemand Tier- oder Pflanzenteile als Souvenir einsammelt oder sein Zelt in der Wildnis aufschlägt.

Dennoch, Massentourismus ist nicht die Strategie der Parkverwaltung. Sie setzt auf hohe Einnahmen bei wenigen Besuchern. Mit den 50 Dollar Parkgebühren pro Tag leisten die vielen Serengeti-Touristen einen Beitrag dafür, dass der Park als eines der am besten geschützten großen Wildnisgebiete weiterexistieren und

Getrockneter Fisch wird auf den Märkten am Rand des Parks verkauft.

Die Imkerei ist eine naturverträgliche Methode, um unmittelbar in Parknähe eine wirtschaftliche Existenz aufzubauen.

Alais Kaigil geht als *community conservation officer* in die Dörfer und entwickelt mit den Menschen zusammen Konzepte, wie sie ihre Existenz sichern können, ohne den Park zu gefährden.

sogar andere, touristisch nicht so gut erschlossene Nationalparks mitfinanzieren kann. Auf diese Weise setzt Tansania das Konzept seines ehemaligen Staatspräsidenten Nyerere, Wildnis als nationales Erbe zu betrachten und zu bewahren, weiter um. Strikten Parkschutz über die wirtschaftliche Entwicklung eines Gebietes zu stellen gehört zur Naturschutzphilosophie der Regierung des ostafrikanischen Landes. Damit unterscheidet sich seine Nationalparkpolitik deutlich von der anderer Staaten wie etwa Südafrika.

Weichen für die Zukunft stellen

Markus Borner und Grant Hopcraft finden ihr Gnu an diesem Tag nicht und müssen das Halsband verloren geben. Ein ärgerlicher Verlust, doch zu verschmerzen. Bei einem Glas kühlem Weißwein auf Borners Terrasse erörtern die beiden am Abend die Möglichkeiten, am nächsten Tag nochmals einen Versuch zu starten. Doch die Chance ist zu gering, das Signal zu schwach. Zudem stehen wichtigere Dinge auf dem Programm. Der EU-Botschafter wird in den nächsten Tagen in der Serengeti erwartet, das Besprechungs- und Besuchsprogramm muss ausgearbeitet, Unterlagen und Präsentationen müssen vorbereitet werden. Für Markus Borner heißt das wieder Lobby- statt Biologenarbeit. Doch der Tag draußen hat ihm gut getan und wird ihn mit noch mehr Nachdruck die Anliegen der Serengeti vorbringen lassen. »Über die Serengeti zu fliegen fasziniert mich nach all den Jahren noch immer wie am ersten Tag«, sagt der Schweizer, »und es führt mir jedes Mal aufs Neue vor Augen, wofür wir hier arbeiten und uns einsetzen.«

Dafür, dass auch im nächsten Jahrhundert Menschen diesen einzigartigen Flecken Erde noch mit all seinen faszinierenden wilden Tieren erleben können, müssen heute die Weichen gestellt werden. Gemeinsam mit den Verantwortlichen der Parkbehörde arbeiten Borner und seine Kollegen daher daran, den Park für die Zukunft abzusichern und ihn über einen Trust Fund finanziell unabhängig zu machen. Denn was Bernhard Grzimek bereits 1959 schrieb, gilt heute unverändert: »Wenn ein Löwe im rötlichen Morgenlicht aus dem Gebüsch tritt und dröhnend brüllt, dann wird auch Menschen in fünfzig Jahren das Herz weit werden.«

Abendstimmung über dem Seronera-Fluss im Herzen der Serengeti

Fragen an

Martin Loiboki, Chief Park Warden, Serengeti National Park

Warum ist die Serengeti der Inbegriff afrikanischer Wildnis?

Sie ist deshalb einzigartig, weil hier das letzte große Wandersystem von Landsäugetieren auf unserem Planeten erhalten ist – rund 1,2 Millionen ziehende Gnus. Der Park selbst ist 14 763 Quadratkilometer groß, das Serengeti-Ökosystem gut 26 000. Das ist mehr als halb so groß wie die Schweiz. Wir reden hier also von einem immensen Wildnisgebiet ohne Zäune, ohne befestigte Straßen. Das unterscheidet die Serengeti etwa von den Nationalparks in Südafrika, und es trägt dazu bei, dass die Menschen hier ein Gefühl dafür bekommen, was afrikanische Wildnis bedeutet. Hinzu kommt die unendliche Weite der Landschaft und eine einzigartige Fülle und Vielfalt an großen und kleinen Tieren.

Was sind die großen Herausforderungen, vor denen die Parkverwaltung heute steht?

Die größte Herausforderung ist sicherlich, die Armut in unserem Land zu bekämpfen und zugleich das Bewusstsein der Menschen für die natürlichen Ressourcen und ihre Umwelt zu stärken. Der Park gerät durch die stetig wachsende Bevölkerung im Umland zunehmend unter Druck. Mehr Menschen bedeuten mehr Ressourcenverbrauch, mehr Abfall, mehr Verkehr. Diese Entwicklung geht an der Serengeti nicht spurlos vorüber. Zum Beispiel steigt das Risiko, dass Krankheiten von Haustieren, Kühen oder Hunden auf die Wildtiere im Park übertragen werden. 1993 kostete eine Staupe-Epidemie fast 1 000 Löwen im Park das Leben. Eine neue Herausforderung wird ganz sicher mit den bevorstehenden Klimaveränderungen auf uns zukommen. Noch lässt sich nicht genau abschätzen, was passieren kann, doch die Prognosen sind besorgniserregend. Wenn der Mara-Fluss im Norden in künftigen Trockenzeiten weniger Wasser führt, könnte das Hunderttausenden von Gnus das Leben kosten.

Inwieweit greift die Parkverwaltung ein, wenn die Wildtiere durch Krankheiten oder extreme Trockenheit bedroht sind?

Gar nicht. Die Veterinäre des Parks greifen nur dann ein, wenn ein Tier durch Menschenhand zu Schaden kommt, etwa in die Schlinge eines Wilderers gerät. Werden Tiere krank oder verdursten, können wir nichts tun. Im Park lassen wir der Natur ihren Lauf. Wir versuchen jedoch, außerhalb des Parks aktiv zu werden, etwa indem wir Haustiere gegen Staupe oder Tollwut impfen und auf diese Weise die Ansteckungsgefahr für die Wildtiere reduzieren.

Stellt Wilderei heute noch eine Bedrohung für die Wildtiere des Parks dar?

Wilderei ist heute sicher kein so großes Problem mehr wie in den 1970er oder 1980er Jahren, als fast alle Nashörner und Elefanten erlegt wurden. Im Park selbst wird kaum gewildert, in den Randbereichen nur in sehr geringem Umfang. Allerdings auch nur, weil die Parkpatrouillen ständig präsent sind und einschreiten. Wäre dies nicht der Fall, würde es bei den Wildtieren bestimmt mehr Wilderei geben. Im Schnitt sammeln unsere Ranger rund 15 000 Drahtschlingen im Jahr ein, rund 40 000 Gnus fallen jährlich Wilderern zum Opfer. Das kann der Bestand im Moment verkraften. Es könnte jedoch kritisch werden, wenn sich die Rahmenbedingungen ändern, etwa infolge des Klimawandels.

NORTH LUANGWA | SAMBIA 02
DIE RÜCKKEHR DER RHINOS

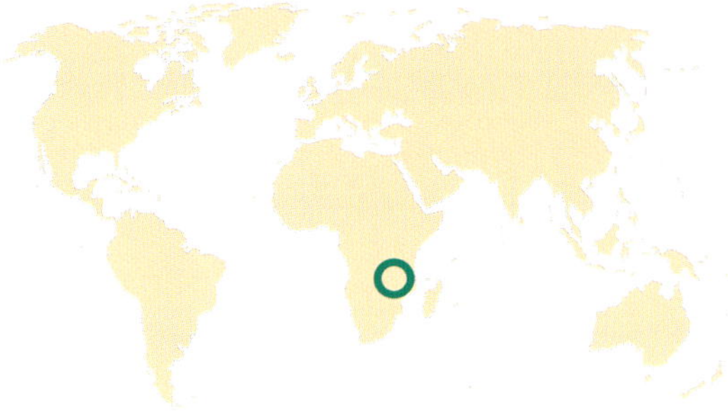

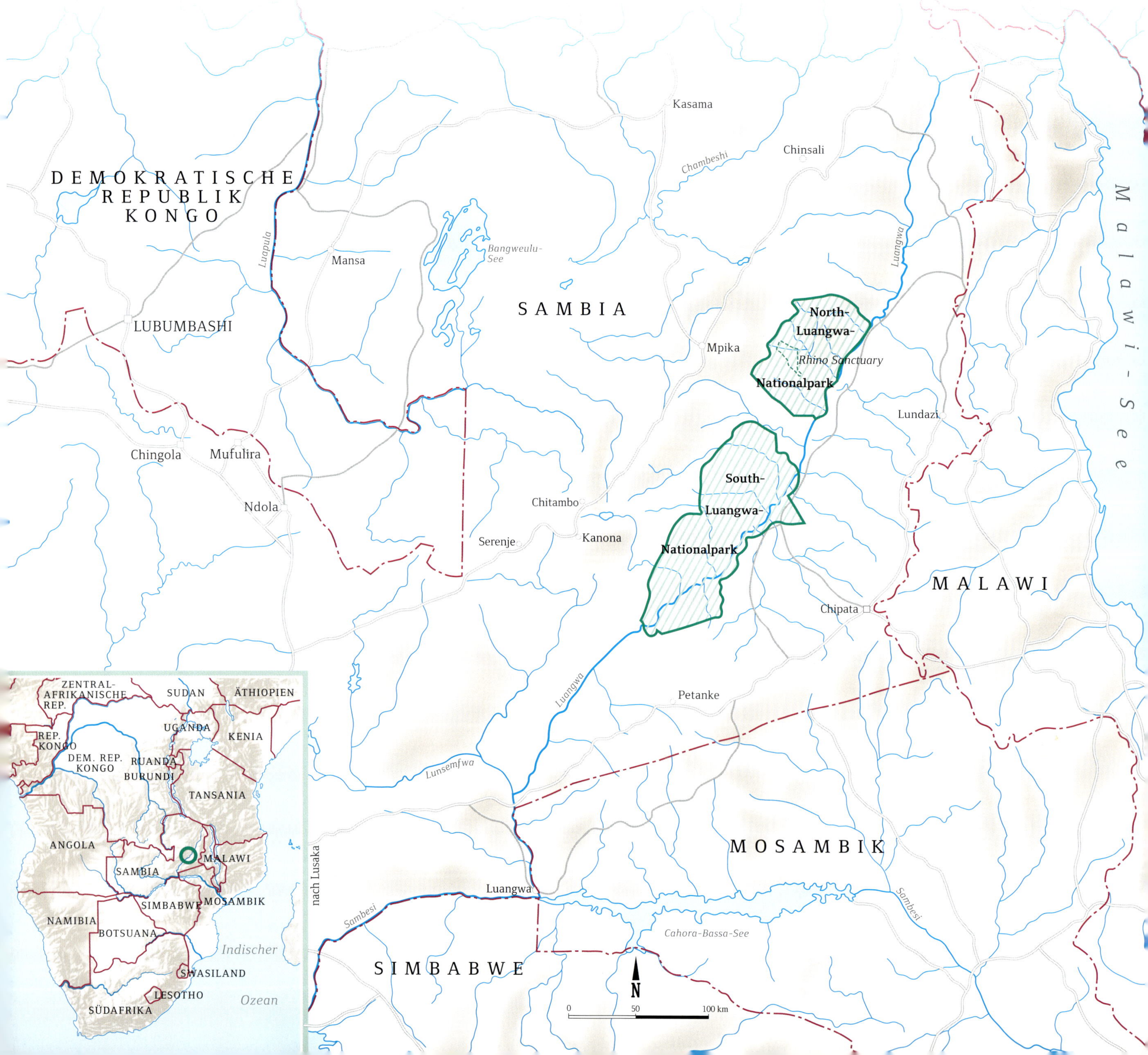
DEMOKRATISCHE
REPUBLIK
KONGO
LUBUMBASHI
Chingola
Mufulira
Ndola
Luapula
Mansa
Bangweulu-
See
SAMBIA
Kasama
Chambeshi
Chinsali
Luangwa
Mpika
North-
Luangwa-
Rhino Sanctuary
Nationalpark
Lundazi
South-
Luangwa-
Nationalpark
Chitambo
Serenje
Kanona
Chipata
MALAWI
Malawi-See
Petanke
Lunsemfwa
Luangwa
MOSAMBIK
nach Lusaka
Luangwa
Sambesi
Cahora-Bassa-See
SIMBABWE
N
0
50
100 km
ZENTRAL-
AFRIKANISCHE
REP.
SUDAN
ÄTHIOPIEN
REP.
KONGO
UGANDA
KENIA
DEM. REP.
KONGO
RUANDA
BURUNDI
TANSANIA
ANGOLA
SAMBIA
MALAWI
SIMBABWE
MOSAMBIK
NAMIBIA
BOTSUANA
Indischer
Ozean
SWASILAND
LESOTHO
SÜDAFRIKA

Nashörner sind kaum wieder herbeizubringen, wenn man sie erst einmal in einer Gegend ausgerottet hat. BERNHARD GRZIMEK, 1962

Die Rückkehr der Rhinos

Im North-Luangwa-Nationalpark begann im Jahr 2003 die Geschichte einer imposanten Rückkehr. Das in Sambia vollständig ausgerottete Spitzmaulnashorn kehrte mit großem Aufwand und zur großen Begeisterung der Menschen vor Ort ins Land zurück. Heute lebt bereits eine kleine Nashorn-Population dort, die hoffentlich immer weiter wächst.

»Leise«, zischt Hugo van der Westhuizen dem Fotografen an seiner Seite zu, der vor lauter Nervosität mit seiner Kamera an einem Busch hängen geblieben ist. Im hohen Gras, nicht weit entfernt von den beiden, raschelt und schnaubt es. Zwei Ohren tauchen auf. Zwei kleine Ohren. »Kannst du es sehen?«, flüstert Hugo. »Kannst du sehen, ob es ein Junge oder ein Mädchen ist?« Unmöglich. Hugo und sein Begleiter müssen noch näher ran. Der Wind steht günstig, die beiden Männer können es also wagen, ihre Schuhe auszuziehen und sich noch weiter an das »Baby« heranzupirschen. »Immer nur gehen, wenn die Alte sich bewegt, damit sie uns nicht hört«, belehrt Hugo den Fotografen, der wortlos nickt. Er muss sich konzentrieren, um ja nicht den kurzen Moment für die optimale Aufnahme zu verpassen.

Wieder ein Rascheln, und plötzlich steht es vor ihnen: ein kleines Nashorn, wenige Tage alt und höchstwahrscheinlich zu Tode erschrocken beim Anblick dieser unbekannten zweibeinigen Wesen. Doch die Schrecksekunde genügt Hugo, um zu erkennen, dass es ein männliches Kalb ist, und auch der Fotograf bekommt seine Chance, ehe der Kleine blitzschnell zur wenige Meter entfernt grasenden Mama flüchtet. Der Beweis ist im Kasten: Es gibt ein kleines Nashorn im North-Luangwa-Nationalpark. Das erste Jungtier nach zwanzig nashornlosen Jahren.

Die Sensation ist perfekt und Hugo aufgeregter als bei der Geburt seiner eignen Kinder. Bereits vor Tagen hatten die Ranger Julius Chinkumba und Clinton Chamwenga auf ihren Patrouillen Fußspuren entdeckt, kleine Nashornspuren neben großen Nashornspuren, und schließlich einen ersten Blick auf Mutter und Kind erhaschen können. »Dass eines unserer fünf Nashörner trächtig war, wussten wir. Jetzt wissen wir auch, dass das Jungtier lebt und recht gesund aussieht«, sagt Hugo und kreuzt die Finger, um auszudrücken: Möge es auch am Leben bleiben.

Selbstverständlich ist das nicht, denn in den ersten Wochen und Monaten ist ein junges Nashorn vielen Gefahren ausgesetzt. Hyänen, Löwen, Elefanten – sie alle können dem Kleinen gefährlich werden, ganz zu schweigen von Infektionen, die etwa infolge von Verletzungen auftreten könnten. Alle diese potenziellen Risiken werden Hugo noch ein paar schlaflose Nächte bereiten, bis er sicher sein kann, dass das kleine Nashorn aus dem Gröbsten raus ist. Nur um eines braucht er sich keine Sorgen zu machen: Wilderer sind für das Kleine und seine Mutter keine Gefahr. Das war nicht immer so in Sambia.

VORHERGEHENDE DOPPELSEITE: Das Luangwa-Tal erstreckt sich über mehr als 700 Kilometer in Nord-Süd-Richtung. Mit seinen tosenden Wasserfällen und dem ausladend mäandernden Fluss ist es eines der großen Wildnisgebiete im Süden Afrikas.

Die Piste ist offenbar auch für Nashörner bequemer als das Unterholz. Und in North Luangwa kommt ohnehin kaum ein Auto vorbei.

Eine aufregende Entdeckung im Sand: die Spuren des ersten Jungtiers.

RECHTE SEITE:
Rund 65 000 Spitzmaulnashörner gab es 1970 in Afrika. Was dem Spitzmaulnashorn in den darauf folgenden zehn Jahren widerfuhr, ist dramatisch. Bis 1980 hatten Wilderer den Bestand auf 14 785 Tiere dezimiert. 2001 waren nur noch 3100 Tiere auf dem gesamten Kontinent übrig.

FOLGENDE DOPPELSEITE:
Neben den Nashörnern waren die Elefanten in den 70er und 80er Jahren Hauptopfer der Wilderer. Heute ziehen sie wieder unbehelligt durch die Ebenen entlang des Luangwa-Flusses.

Am späten Nachmittag kehrt Hugo zurück ins Hauptquartier des North Luangwa Conservation Programme, das der Südafrikaner gemeinsam mit seiner Frau Elsabe leitet. Am Eingangstor zu dem kleinen Gebäudekomplex begrüßt der mit schwarzer Farbe auf die Mauer gepinselte Gorillakopf der Zoologischen Gesellschaft Frankfurt den Besucher und weist auf den Träger dieses Projekts zum Schutz des Nationalparks hin. Frankfurt, wie die ZGF in Afrika allgemein genannt wird, ist seit 1986 hier in North Luangwa aktiv, und das Projekthauptquartier ist zu einer zentralen Einrichtung im Park geworden. Es besteht aus sechs einfachen Wohnhäusern, Arbeitsräumen, einer Werkstatt, einem Flugzeughangar und einer kleinen Landebahn für die Cessna, das wichtigste Transport- und Verkehrsmittel. Ohne die kleine Maschine wäre das Leben und vor allem Arbeiten hier draußen kaum möglich. Der nächste Ort ist drei Autostunden entfernt, bis zur Hauptstadt Lusaka sind es zehn Stunden.

North Luangwa ist die kleine Schwester des bekannteren South-Luangwa-Nationalparks, beide liegen nebeneinander im Nordosten der Republik Sambia. Im Gegensatz zu dem südlichen Nationalpark, der seit weit über 30 Jahren auf Tourismus setzt, hat der nördliche fast keine touristische Infrastruktur und ist weitgehend unberührt. Lediglich ein paar kleinere Camps sind für wenige Monate im Jahr in Betrieb. Aber wenn im Dezember der Regen einsetzt, packen die Safari-Veranstalter ihre Sachen, und die Mitarbeiter des North-Luangwa-Schutzprojektes bleiben allein im Park zurück. Während der Regenzeit werden die Arbeit und das Leben in North Luangwa recht mühsam. Viele Wege sind schlammig und unpassierbar, weite Teile der großen Überschwemmungsebenen entlang des Luangwa-Flusses stehen unter Wasser.

Endlose Weite entlang des Flusses

Das Luangwa-Tal erstreckt sich über mehr als 700 Kilometer in Nord-Süd-Richtung. Mit seinen tosenden Wasserfällen und dem ausladend mäandernden Fluss ist es eines der großen Wildnisgebiete im Süden Afrikas. Im Tal liegen verschiedene Wildschutzgebiete, sogenannte Game Management Areas, und vier

Nationalparks. Das – ähnlich wie das Great Rift Valley, der Große Afrikanische Grabenbruch im Osten des Kontinents – durch immense tektonische Kräfte geformte Tal mit seinen vulkanischen Böden ist reich an Wasser und geprägt durch eine außerordentliche Vielfalt an Lebensräumen. Grasland, Mopane-, Miombo- und Mushito-Wälder, der 700 Meter hohe Muchinga-Steilhang und die weiten Flussebenen bieten unzähligen Tieren und Pflanzen eine Heimat.

Die Region bildet eine Übergangszone zwischen der Fauna des südlichen und des östlichen Afrika und beherbergt neben großen Beständen an Löwen und Büffeln auch zahlreiche endemische Unterarten wie das Cooksons-Gnu, die Thornicroft-Giraffe und das Crawshay-Zebra. Auch botanisch ist die Region einzigartig. 1338 Arten von Gefäßpflanzen wurden bislang für dieses Tal beschrieben, weshalb North Luangwa auch zu den sogenannten World Centers of Plant Diversity zählt. Und dabei sind die Steilhänge noch nicht einmal richtig untersucht worden.

Vom nahen Lubonga-Fluss her ist das Quaken von Fröschen und das Prusten von Flusspferden zu hören, als Elsabe van der Westhuizen mit einer Kanne frisch gebrühtem Kaffee auf die Veranda des kleinen Wohnhauses der Familie kommt. Louise und Marileen, die beiden Töchter, turnen bereits aufgeregt auf Papas Schoß herum, wollen alle Einzelheiten über die erste Begegnung mit dem jungen Nashorn wissen und denken sich hübsche Namen für das Kalb aus. »Halt, langsam. Erst mal müssen wir abwarten, bis wir ganz sicher sind, dass das Kleine durchkommt«, bremst Elsabe ihre Töchter. »Und dann dürfen die Kinder von der Schule hier in Mano den Namen für das Nashörnchen aussuchen.« Kurz sieht man den beiden die Enttäuschung an, doch sie wissen, dass die Kinder aus den Dörfern rund um den Park natürlich viel eher ein Recht darauf haben, einen Namen auszusuchen, als sie selbst.

Die Menschen im Osten Sambias sind stolz auf ihre Handvoll Nashörner, stolz darauf, dass es gelungen ist, diese mächtigen Tiere wieder ins Land zu holen. »Ohne die Akzeptanz der hiesigen Bevölkerung, ohne die Kooperation der Behörden, aber auch ohne die zähe jahrelange Vorbereitung wäre die Rückkehr der Nashörner nach Sambia unmöglich gewesen«, sagt Elsabe und zeigt hinüber zu den Bomas, den mit dicken Holzstangen umzäunten Gehegen, in denen drei Jahre zuvor fünf Nashörner nach ihrer Ankunft aus Südafrika gestanden hatten. Fünf Spitzmaulnashörner als bescheidener Grundstock für die Wiederansiedlung einer Art, die hier einst heimisch gewesen war. Eines der fünf war die Nashornkuh Natwange gewesen, die Mutter des kleinen Kalbs.

Die Menschen in der Region betrachten die Rückkehr der Nashörner als ein großes Geschenk. Für die Kinder werden sie wieder Bestandteil ihres Lebens – und des Schulunterrichts.

Gnadenlose Wilderei

Vom Ende der 1980er Jahre bis zur Wiederansiedlung der Tiere im Mai 2003 war kein einziges Nashorn mehr durch das Luangwa-Tal gewandert. Nashörner gehörten in Sambia der Vergangenheit an, ausgerottet durch eine unvorstellbare Welle der Wilderei. Dabei lebten zu Beginn der 1970er Jahre noch gut 65 000 Spitzmaulnashörner in Afrika, fast 10 000 allein in den weiten Ebenen Sambias, sodass Bernhard Grzimek 1975 in seinem Standardwerk *Grzimeks Tierleben* noch schreiben konnte: »Die einzige Nashornart, von der es noch große Bestände in der freien Wildbahn gibt, ist das afrikanische Spitzmaulnashorn oder Schwarze Nashorn.«

In den folgenden zwei Jahrzehnten jedoch erlebte dieses Spitzmaulnashorn einen der dramatischsten Bestandseinbrüche, den es bei einer großen Säugetierart in jüngster Zeit gegeben hat: Zwischen 1970 und 1992 verschwanden 96 Prozent aller Tiere dieser Art. Überall auf dem Schwarzen Kontinent führte die rasant steigende Nachfrage des internationalen Marktes nach Elfenbein und Nasenhorn dazu, dass Elefanten und Nashörner in großem Stil abgeschlachtet wurden. In Sambia fielen innerhalb von nur 20 Jahren etwa 100 000 Elefanten und alle Nashörner des Landes skrupellosen Wilderern zum Opfer. Anfang der 1990er Jahre war noch eine Handvoll Tiere irgendwo im Land übrig, ab 1995 wies die offizielle Statistik der World Conservation Union IUCN in der Länderspalte Sambia nur noch eine traurige Null aus. *Diceros bicornis,* das Spitzmaulnashorn, war in Sambia ausgelöscht worden.

Elsabe van der Westhuizen und Markus Borner erwarten die Transportmaschine mit den Nashörnern an der sandigen Piste des kleinen Airstips.

FOLGENDE DOPPELSEITE:
Ihren Namen haben die Spitzmaulnashörner von ihrer spitzen Oberlippe, mit der sie Blätter von Büschen und Bäumen zupfen. Es gibt drei Unterarten des Spitzmaulnashorns, die in Sambia ist *Diceros bicornis minor.*

1986, als die Wilderei in vollem Gang war, kamen die amerikanischen Zoologen Mark und Delia Owens auf der Suche nach einem geeigneten Gebiet für ihre Löwen- und Hyänenstudien nach North Luangwa. Als ihnen bewusst wurde, wie kritisch die Lage in ihrem neuen Studiengebiet war und dass der Wildschutzbehörde die Mittel fehlten, um den Park zu überwachen, wurde ihr Forschungsprojekt immer mehr zu einem Unterstützungsprojekt für den Park. Die ZGF hatte zuvor bereits das Projekt der beiden Amerikaner in Botsuana gefördert und war auch jetzt bereit, ihre Arbeit in North Luangwa zu finanzieren.

Die Owens und ihre Mitarbeiter rüsteten zunächst Wildhüter aus, kauften Fahrzeuge und starteten Projekte, um den Menschen in den Dörfern rund um den Park alternative Einkommensquellen zur Wilderei zu eröffnen. 1996 musste das Ehepaar nach Unstimmigkeiten mit der sambischen Regierung das Land verlassen. Zunächst schien das Projekt damit beendet und alle Investitionen umsonst gewesen zu sein. Doch nach intensiven Gesprächen mit der Regierung konnte die ZGF einen Kooperationsvertrag unterzeichnen, in dem sich beide Seiten verpflichteten, das Projekt fortzuführen. Heute fördert die ZGF das North Luangwa Conservation Programme mit rund 300 000 Euro pro Jahr. Allein die Wiederansiedlung der Nashörner wird mehrere Millionen Euro verschlingen, bis der Bestand groß genug ist, um sich aus eigener Kraft zu erhalten.

Eine Tierart durch Wilderei, Jagd oder Zerstörung des Lebensraums auszurotten geht schnell. Doch sie erfolgreich wieder anzusiedeln erfordert viel Engagement, Geduld, Geld und sehr, sehr viel Zeit. Die Regeln für die Wiederansiedlung einer Tierart sind streng. Ein geeigneter Lebensraum muss zur Verfügung stehen, vor allem aber darf der Grund für ihr Verschwinden nicht mehr vorhanden sein. Für die Westhuizens hieß das, als Erstes dafür zu sorgen, dass die Wilderei auf Nashörner in North Luangwa ein Ende hatte. Es hieß aber auch, die Grundlagen dafür zu schaffen, dass die Bevölkerung die Wiederansiedlung mittragen und der Park eine entsprechende Infrastruktur besitzen würde, dass es genügend Ranger zur Überwachung der Tiere geben würde – und dass ein anderes Land Tiere für die Umsiedlung nach Sambia zur Verfügung stellen würde.

»So etwas geht nicht über Nacht«, sagt Elsabe rückblickend. »Bereits 1999 haben wir die ersten Gespräche mit der sambischen Naturschutzbehörde und Vertretern von South African National Parks geführt.«

In einer schweren Transportmaschine landen die ersten fünf Nashörner aus Südafrika.

Sambias Minister für Tourismus und Umwelt, Hon. Patrick K. Kalifungwa, nimmt die Parade der Ranger zu Ehren der Nashörner ab.

Die Transportboxen mit den fünf Neuankömmlingen werden auf Fahrzeuge verladen und in den Nationalpark gefahren.

Am Ankunftstag der Tiere steht Projektleiterin Elsabe van der Westhuizen unter Hochspannung. Doch alles läuft glatt.

Einigkeit, dass man das Spitzmaulnashorn nach Sambia zurückbringen wollte, sobald die Zeit reif war, bestand schnell. Doch es sollten noch vier Jahre vergehen, ehe am 28. Mai 2003 ein Flugzeug mit fünf Nashörnern auf der staubigen Piste von North Luangwa landete.

Die Rückkehr der Spitzmaulnashörner

Seit Ende 1997 leben die Westhuizens in North Luangwa. Die Töchter Louise und Marileen sind hier geboren. Eine Kindheit mitten in der Wildnis, umgeben von Elefanten, Antilopen, Löwen, Hyänen und Flusspferden. »Hier draußen zu leben ist etwas Besonderes«, schwärmt Elsabe. »Für die Kinder ist das ein Paradies und auch nicht gefährlicher als in einer Stadt mit vielen Autos.«

Trotzdem gibt es klare Verhaltensregeln, an die sich die Kinder halten müssen: niemals das Haus verlassen, ohne zu schauen, was draußen los ist, nie nachts ohne Taschenlampe und nie allein zum Fluss. Für die kleinen Mädchen ist das normal, und sie nehmen es mit Gelassenheit, wenn ein neugieriger Elefantenbulle nachts in die Freiluftküche der Westhuizens einbricht und ihre Legosteine auffrisst. Die Ankunft der Rhinos aber war selbst für sie ein aufregendes Erlebnis.

»Diesen Tag werde ich nie im Leben vergessen«, erinnert sich Elsabe an den heißen Tag im Mai 2003, als die fünf Kolosse aus Südafrika landeten. »Um halb vier Uhr Nachmittag donnerte die gewaltige Transportmaschine über unsere Häuser. Ich hatte große Zweifel, dass die Landung auf unserer kleinen Piste gut gehen würde.« Sie ging gut. Tagelang hatten Hugos Leute die kleine Landebahn neben dem ZGF-Projekthauptquartier verlängert und so präpariert, dass eine Antonow dort landen konnte.

»Wir hatten bei einer russischen Gesellschaft eine Transportmaschine gechartert«, ergänzt Hugo und verdreht die Augen bei dem Gedanken an die Nachricht am 27. Mai: »Die Nashörner waren startklar in ihren Kisten, ein Kamerateam, alle Tierärzte und Helfer auf Position – und dann saß die Antonow in Angola fest. Bekam einfach keine Starterlaubnis. Alles drohte in letzter Minute zu platzen.« Doch Hugo, der an afrikanische Verhältnisse gewöhnt ist, gelang es, gemeinsam mit dem für den Transport verantwortlichen Tierarzt Pete Morkel, im Handumdrehen eine andere Fluggesellschaft zu organisieren und alles einen Tag später über die Bühne zu bringen. »Alle mussten umdisponieren«, erzählt Elsabe, »denn hier war ja großer Bahnhof angesagt. Der deutsche Botschafter, der sambische Minister für Tourismus und Natur, diverse Abgeordnete

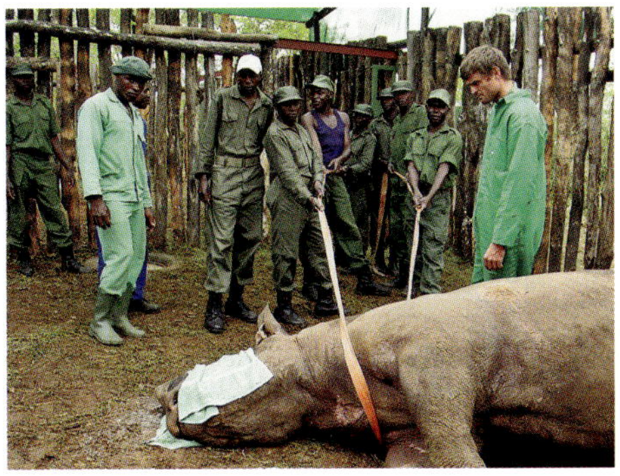

aus Südafrika, der Generaldirektor der Zambia Wildlife Authority (ZAWA), der sambischen Naturschutzbehörde – sie alle mussten ihren Besuch um einen Tag verschieben. Und alle haben es getan. So groß war die Begeisterung über die Ankunft der Nashörner.«

Nationale Berühmtheit unter Beobachtung

»Tja, dass Natwange einst hier in North Luangwa durch das Unterholz streifen und in einem fremden Land zu einer nationalen Berühmtheit werden würde, hätte sie wohl auch nicht gedacht«, lacht Hugo und lehnt sich mit seiner Kaffeetasse in dem etwas altersschwachen Safarisessel zurück. Bis März 2003 war die Nashornkuh Natwange zusammen mit ihren Artgenossen durch den Krüger-Nationalpark in Südafrika gestreift und hatte ein vergleichsweise ereignisloses Nashornleben geführt.

Mit rund 1300 Exemplaren von *Diceros bicornis* besitzt Südafrika ausreichend viele Spitzmaulnashörner, um Tiere an andere Länder abgeben zu können. Fünf dieser wertvollen Tiere war die Nationalparkverwaltung South African National Parks bereit gewesen, an Sambia abzutreten. Ein Bulle und vier Weibchen wurden von den Tierärzten und Wildtiermanagern für die Reise ausgewählt und drei Monate vor dem Transport gefangen. »Zum einen mussten wir uns vergewissern, dass es Tiere der Unterart *Diceros bicornis minor* waren, denn diese haben einst in Sambia gelebt, und deshalb kamen nur sie für die Wiederansiedlung in Frage«, erinnert sich Hugo an die Vorbereitungsphase. »Und zum anderen mussten wir feststellen, ob die Tiere gesund und fit genug für das stressige Unterfangen waren.«

Jetzt stehen die Bomas am anderen Ende des Gebäudekomplexes leer, die fünf Nashörner sind längst in die Weite des neuen Rhino Sanctuary innerhalb des Nationalparks entlassen worden. Trotzdem wissen Hugo und die Parkranger immer, wo sie sich aufhalten und wie es ihnen geht. Zu wertvoll sind die Tiere und müssen deshalb rund um die Uhr überwacht werden. Vor ihrer Freilassung wurden ihnen Sender ins Horn implantiert. So kann Hugo sie aus der Luft relativ einfach anpeilen und ihre Position an die Ranger der Nashornschutztruppe weitergeben. Im Kontrollzentrum des Nationalparks laufen diese sowie viele andere Daten den Park betreffend zusammen. Auf einer großen Karte an der Wand geben farbige Markierungen den Rangern einen schnellen Überblick. Wo gibt es Schwierigkeiten? Wo wurden welche Tiere gesehen? Wo gab es außergewöhnliche Beobachtungen? Wo befinden sich gerade die Ranger-Patrouillen?

Bevor es in die Freiheit geht, wird jedem Tier ein Sender ins Horn implantiert, damit man es jederzeit orten und so sein Wohlbefinden überprüfen kann.

Der schmerzlose Eingriff findet unter kurzer Narkose statt. Wenige Minuten später ist das Tier wieder auf den Beinen.

Nashörner sind sensibel. Daher verbringen die Tiere einige Wochen in einem Eingewöhnungsgehege, wo sie sich mit der neuen Umwelt und dem fremden Futter vertraut machen.

Hochbetrieb am Eingewöhnungsgehege. Jeder will die Nashörner sehen.

FOLGENDE DOPPELSEITE:
Geparden sind die schnellsten Jäger in North Luangwa.

Das Satellitentelefon ist für Hugo van der Westhuizen das wichtigste Kommunikationsmittel.

Um dem Bewegungsdrang der Kinder Rechnung zu tragen, hat die Familie Westhuizen ein Trampolin hinter dem Haus aufgestellt, denn im Freien zu toben und zu spielen ist zu gefährlich.

Warmwasserbereitung in Marula-Puku

Sechs Jahre lang haben Hugo und Elsabe zusammen mit dem Nationalpark dieses Informationssystem aufgebaut, das einfach und effektiv zugleich sein musste. Draußen im Gelände tragen die Ranger ihre Beobachtungen in ein Datenblatt ein und vermerken die exakte Position, die sie mit einem GPS-Gerät ermitteln. Wenn sie nach ihren Patrouillen ins Kontrollzentrum zurückkehren, werden die Daten in den Computer eingegeben und somit Bestandteil eines Geografischen Informationssystems (GIS), das immer differenzierter wird, je mehr Information in das System eingespeist wird. Das GIS-Programm liefert dann Karten, die beispielsweise aufzeigen, wo vermehrt Fallen von Wilderern gefunden wurden oder wie gewisse Tierarten im Lauf des Jahres wandern.

»Ohne eine effektive und schlagkräftige Rangereinheit, die auch für die Einhaltung der Gesetze sorgt, wäre jede Bemühung um den Schutz der Wildtierbestände hier vergebens«, erläutert Hugo das Engagement des ZGF-Projekts für die Infrastruktur des Parks. Daher unterstützt das Projekt die zuständige Naturschutzbehörde ZAWA auf verschiedenen Ebenen. »Wir sorgen dafür, dass die Jungs einsatzfähig sind, dass ihre Autos funktionieren und Sprit da ist, dass sie so banale Dinge wie Stiefel, Schlafsäcke oder Moskitonetze für ihre mehrtägigen Patrouillen haben und der Funkverkehr klappt«, sagt Hugo. »In der Zeit, als die finanzielle Situation von ZAWA vollkommen desolat war, haben wir uns sogar um die Nahrungsmittelversorgung der Rangerfamilien gekümmert. Das ist angewandter Naturschutz und ganz simpel: Wenn ihre Familien nichts zu essen haben, machen die Ranger ihre Arbeit nicht, und die Wilderer haben leichtes Spiel.«

Allmählich wird es frisch auf der Veranda der Westhuizens. Die Sonne steht bereits sehr tief und wird bald hinter den Bäumen verschwunden sein. Von den Bomas klingt noch immer Hämmern herüber. In den leeren Gehegen laufen die Vorbereitungen auf Hochtouren: Morsche Holzstangen werden ersetzt, die massiven Eisentore frisch angestrichen und zusätzliche Bomas angebaut. In den nächsten Tagen werden weitere zehn Nashörner in North Luangwa erwartet. Auch sie kommen aus Südafrika und werden mit Sicherheit nicht die letzten Zuwanderer sein.

»Ich hoffe, dass wir in naher Zukunft auf insgesamt 20 oder mehr Tiere kommen«, sagt Hugo. Dann hätte die Population eine reale Chance, selbstständig zu wachsen. Mit viel Glück und konsequentem Schutz könnten in ein paar Jahrzehnten Nashörner wieder zum Alltag in den Ebenen und Wäldern entlang des Luangwa-Flusses gehören.

Fragen an

Dr. Pete Morkel, Veterinär und renommiertester Nashornexperte Afrikas

Um ein Haar wäre das Spitzmaulnashorn ganz ausgestorben. Trotz immenser Schutzbemühungen existiert heute nur noch ein Rest des Bestandes. Wie kommt das?

Nashörner waren in meiner Jugend in vielen Ländern Afrikas noch ein häufig zu beobachtendes Wildtier. Rund 100 000 Spitzmaulnashörner, so schätzen die Experten der World Conservation Union IUCN, streiften um 1960 durch Afrika südlich der Sahara. Dass bereits diese Tiere nur noch ein kläglicher Rest des Bestandes waren, der zu Beginn des 19. Jahrhunderts auf dem Schwarzen Kontinent gelebt hatte, kann man sich kaum vorstellen. Für die europäischen Entdecker und Reisenden, die sich vor gut 200 Jahren durch Afrika wagten, muss das Spitzmaulnashorn ein höchst gewöhnlicher Anblick gewesen sein. Mehrere Hunderttausend Tiere wanderten zu dieser Zeit durch die Savannen der unterschiedlichsten Länder, vom westlichen Zentralafrika bis hinunter zu den Tafelbergen Südafrikas.

Um 1970 schätzte man Afrikas Bestand aller vier Unterarten des Spitzmaulnashorns auf rund 65 000 Tiere. Doch durch die rasant steigende Nachfrage nach dem Horn der Tiere vor allem in Asien und im Mittleren Osten explodierte die Wilderei geradezu. Vor allem in den politisch instabilen Ländern, in denen Wilderer keinerlei Strafverfolgung befürchten mussten, nahm die Verfolgung der Nashörner katastrophale Ausmaße an. Die offizielle Bestandszählung der IUCN im Jahr 1980 ergab noch insgesamt 14 785 Spitzmaulnashörner. Das bedeutet: 96 Prozent dieser Tiere waren von der Erde verschwunden. Lediglich in Südafrika, Namibia, Kenia, Simbabwe und Tansania, die bereits früh auf Naturschutz und strikte Überwachung der Tiere gesetzt hatten, blieben die Zahlen konstant und stiegen sogar leicht an. Auf dem Tiefpunkt 1997 hatte sich der weltweite Bestand der Spitzmaulnashörner auf 2600 verringert. Heute sind es wieder 3200.

Wurden Nashörner früher nicht gejagt?

Nashörner wurden von den Menschen in Afrika über die Jahrhunderte immer bejagt. Man aß ihr Fleisch, verwendete ihre Haut für Schuhe und Abdeckungen und benutzte ihr Blut, ihren Urin und ihre Knochen als Medizin. Die Katastrophe für die Dickhäuter begann im 19. Jahrhundert mit dem zunehmenden Einfluss der Europäer auf die Landnutzung und den Handel in Afrika. Das Spitzmaulnashorn, auch Schwarzes Nashorn genannt, wurde überall in West-, Zentral- und Ostafrika erbarmungslos gejagt. Zwischen 1946 und 1948 brachte ein einziger Großwildjäger in Kenia rund 1000 Spitzmaulnashörner zur Strecke.

Erging es dem Breitmaulnashorn ähnlich?

Ja, auch der zweiten Nashornart Afrikas, dem Breitmaulnashorn oder Weißen Nashorn, erging es so. Um 1900 gab es wahrscheinlich noch ein paar Tausend Exemplare des Nördlichen Breitmaulnashorns. Die Unterart wurde zwischen 1960 und 1984 bis auf ein paar Dutzend Tiere abgeschlachtet. In freier Wildbahn leben heute wahrscheinlich weniger als fünf Tiere, alle im Kongo. Darüber hinaus gibt es noch acht Tiere in Zoos. Ob die frei lebenden dieses Jahrzehnt überstehen werden, ist im Moment mehr als fraglich. Die südliche Unterart des Breitmaulnashorns hatte ihr Waterloo bereits im 19. Jahrhundert. 1895 waren in Südafrika noch genau 20 Tiere übrig. Mit einer beispiellosen Zuchtoffensive hat Südafrika aus diesen 20 Nashörnern einen Bestand aufgebaut, der heute wieder rund 10 000 Breitmaulnashörner umfasst.

Besteht Hoffnung für die Nashörner?

Dass die Tendenz beim Spitzmaulnashorn mittlerweile wieder deutlich nach oben geht, ist ausschließlich den Schutzbemühungen einiger Länder und vor allem der intensiven Nachzucht in Südafrika zu verdanken. Doch so viele Nashörner, wie Bernhard Grzimek noch gesehen hat, als er Ende der 50er Jahre zum ersten Mal nach Afrika flog, wird es nie wieder geben.

VIRUNGA | KONGO 03

KEIN PLATZ FÜR WILDE TIERE?

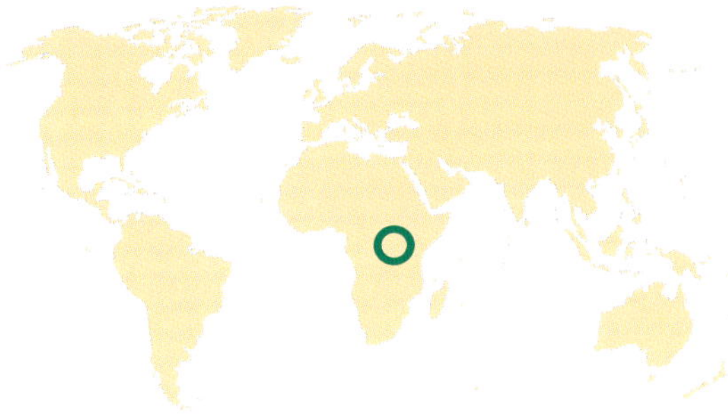

Nepoko
Irumu
Bunia
Albert-See
Atura
Masindi
Senguli
Bafwasende
Boga
UGANDA
Ibina
Semliki-Nationalpark
Kabarole
DEMOKRATISCHE REPUBLIK KONGO
Ruwenzori-Nationalpark
Beni
Ruwenzori
Mount Stanley 5110
Kibale-Nationalpark
Kampala
Entebbe
Makalado
Butembo
Semliki
Mount Tshiaberimu 3100
Ishango
Edward-See
Queen-Elizabeth-Nationalpark
Virunga-Nationalpark
Rwindi
Malianga
Bwindi-Impenetrable-Nationalpark
Kabale
Rumangabo
Jomba
Bukima
Mgahinga-Gorilla-Nationalpark
Karisimbi-Vulkan 4507
Volcanoes-Nationalpark
Bukoba
Viktoria-See
Goma
RUANDA
Kiwu-See
Kigali
TANSANIA
Kalehe
Kibung
Bukavu
N
0
50
100 km
LIBYEN
ÄGYPTEN
SAUDI-ARABIEN
TSCHAD
SUDAN
ERITREA
JEMEN
DSCHIBUTI
ZENTRAL-AFRIKANISCHE REP.
ÄTHIOPIEN
SOMALIA
UGANDA
KENIA
DEM. REP. KONGO
RUANDA
BURUNDI
Indischer
TANSANIA
Ozean
ANGOLA
SAMBIA
MOSAMBIK
MADAGASKAR

Wo unser blauer Wagen auf der einsamen Straße in den welligen Ebenen um den Eduardsee entlangfuhr, hoben sich Wolken von bunten Schmetterlingen auf, weiße, gelbe, rote, blaue, Kilometer um Kilometer. [...] Wir fuhren durch Wolken flatternder Willkommensboten in ein paradiesisches Land.

BERNHARD GRZIMEK, 1954

Kein Platz für wilde Tiere?

In den 50er Jahren bereiste Bernhard Grzimek den Virunga-Nationalpark im Osten des Kongo und schwärmte von einem Paradies. Heute wird der Park von politischen Unruhen in Mitleidenschaft gezogen und steht unter dem Druck einer stetig wachsenden Bevölkerung.

Stille liegt über dem See. Lustlos schwappen die Wellen des graugrünen Wassers in das hohe Gras am Ufer. Der See scheint jegliche Motivation verloren zu haben, scheint geradezu kapituliert zu haben nach dem wochenlangen Blutbad an seinen Ufern. Doch jetzt herrscht Ruhe. Ruhe, wo eigentlich das Leben toben sollte, wo Hunderte von dicken, grauen Leibern genüsslich im Wasser dümpeln, Hunderte von rosafarbenen Ohren und schnaubenden Nasenlöchern durch die Wasseroberfläche stoßen sollten, wo regelmäßiges Prusten, Platschen und Grunzen die Stille erfüllen sollte. Wenn die Flusspferdbullen ihre riesigen Mäuler mit den wenigen, aber eindrucksvollen Zähnen langsam aufreißen, als wollten sie die Welt verschlingen, dann sollte einzig das Klicken der Kameras zu hören sein. Das berühmte Gähnen der Flusspferde ist das klassische Motiv jeder Safari, doch im Kongo gehört es allmählich der Vergangenheit an.

Doch der Edwardsee im äußersten Osten der Demokratischen Republik Kongo hat in den letzten Wochen des Jahres 2006 ein anderes Klicken gehört. Das Klicken von Gewehren. Und das Feuern halb automatischer Waffen. In unvorstellbarem Umfang haben kongolesische Rebellen und von ihnen angeheuerte Wilderer die Flusspferde am Südwestufer des mehr als 2000 Quadratkilometer großen Sees im Virunga-Nationalpark gejagt. Nur wenige Tiere haben das Gemetzel überlebt. Ob aus ihnen über viele Jahrzehnte hinweg je wieder der Bestand werden kann, den es einst hier gab, oder ob auch sie noch verschwinden werden, ist ungewiss.

Vor gut 50 Jahren müssen die Ufer des Edwardsees der Inbegriff für afrikanische Wildnis und ein einzigartiges Tierparadies gewesen sein. »Man muss die Augen schließen und glücklich sein«, beschrieb Bernhard Grzimek 1954 seinen ersten Eindruck vom See mit seinen zahllosen weiß-rosa Pelikanen, hellkehligen Kormoranen und Ibissen mit gebogenen Schnäbeln. Schreiseeadler hielten auf den riesigen Kakteenbäumen Ausschau nach Beute, und Nimmersattstörche schwebten im Gleitflug übers Wasser. Und überall Flusspferde. So weit das Auge blicken konnte, lagen sie am Ufer, auf Sandbänken, aber auch weit draußen im See. »Hier gibt es keine Krokodile, wohl weil die Flusspferde zu zahlreich sind. Vom Ausfluss aus dem Edwardsee bis Kalande, also in den ersten 5,5 Kilometern, hat man 1045 Flusspferde gezählt, das heißt jede 5 Meter eins!«, schrieb Grzimek in seinem Kongo-Buch *Kein Platz für wilde Tiere.*

VORHERGEHENDE DOPPELSEITE:
Kaum einen Meter hinter der Grenze des Virunga-Nationalparks beginnt das Ackerland. Nur zu gern würden die Menschen den Wald des Parks roden, um auch an den Hängen der Virunga-Vulkane Landwirtschaft zu betreiben. Doch hier leben die letzten Berggorillas, deren Lebensraum ohnehin immer kleiner wird.

FOLGENDE DOPPELSEITE:
Die Ranger der Nationalparkbehörde ICCN sind täglich im Einsatz, um die Wilderei im Park einzudämmen.

CONGO

Das Ende der Flusspferde

Das Flugzeug ist für die ZGF-Mitarbeiter ein wichtiges Transportmittel und erspart ihnen die gefährlichen Fahrten auf den unsicheren Straßen im Ostkongo.

Der Brite Robert Muir arbeitet seit 2004 für die ZGF im Kongo.

RECHTE SEITE:
Das Flugzeug ermöglicht es auch, die Flusspferde aus der Luft zu zählen.

Von all dem kann keine Rede mehr sein, als ZGF-Projektleiter Robert Muir Anfang Dezember 2006 in seiner zebragestreiften Cessna die Region um das Fischerdorf Vitshumbi am Südwestufer des Sees überfliegt. Zwei Monate zuvor hatten er und seine Mitarbeiter eine Zählung der Flusspferde aus der Luft durchgeführt. Schon da waren die Zahlen erschreckend gewesen, doch jetzt sind sie katastrophal. Rund 200 Flusspferde lebten im Herbst am Ufer bei Vitshumbi. Jetzt kann Muir nur noch 13 entdecken sowie unzählige auf dem Wasser treibende aufgedunsene Kadaver. In einem Massaker unvorstellbaren Ausmaßes sind Virungas Flusspferde dahingemetzelt worden. Hunderte von Tieren in nur wenigen Wochen.

Den Fischern von Vitshumbi steckt der Tag noch in den Knochen, als vier motorisierte Pirogen über den See auf ihr Dorf zusteuerten. Aus jedem dieser kanuähnlichen Holzboote sprangen 20 mit Kalaschnikows bewaffnete Rebellen. Den verängstigen Dorfbewohnern hatten die Kämpfer der im Ostkongo aktiven Mai-Mai-Rebellen versichert, sie würden ihnen nichts anhaben. Sie hatten es auf etwas anderes abgesehen: Flusspferde. 74 Hippos lagen bis zum Abend tot und in Stücke zerhackt am Ufer, das Wasser am Strand von Vitshumbi war rot von Blut.

Die Flusspferde werden nicht getötet, um eine hungernde Bevölkerung zu ernähren. Hippofleisch ist auf den lokalen Märkten kaum noch zu verkaufen. Die Mai-Mai haben solche Massen auf den Markt geworfen, dass der Preis auf ein Zehntel des Preises von Ziegenfleisch gefallen ist. Doch für die Wilderer ist das Fleisch Nebensache. Ihnen geht es um Elfenbein. Die Zähne der Flusspferde sind von jeher begehrt auf dem Elfenbeinmarkt. Bis zu 80 Zentimeter lang und vier bis sechs Kilo schwer können die gewaltigen Eckzähne im Unterkiefer eines Hippos werden. Seitdem der Handel mit Elefanten-Elfenbein verboten ist, wurden sie zu einer attraktiven Alternative für die Elfenbeinschnitzer. Tausende von Hippo-Zähnen aus dem Virunga-Nationalpark sind innerhalb weniger Jahre über die Grenze in den Sudan und von dort auf den internationalen Markt gewandert. Das Geld, das damit verdient wird, dient den Rebellen zum Kauf von Waffen.

Bernhard Grzimek am Semliki-Fluss. Rund 30 000 Flusspferde lebten in den 1980er Jahren noch in den Seen und Flüssen des Virunga-Nationalparks.

Heute sind von diesem enormen Bestand nur noch traurige 500 Flusspferde übrig.

Der Absturz der Hippo-Bestände ist symptomatisch für die krisengebeutelte Region im Osten des Kongo. Rund 30 000 Flusspferde tummelten sich bis Mitte der 1980er Jahre in den Seen und Flüssen des Virunga-Nationalparks. Als 1994 mit dem Ende des Bürgerkrieges in Ruanda rund zwei Millionen Flüchtlinge in die kongolesische Provinz Kivu strömten, holzten die verzweifelten Menschen den Tieflandwald des Parks ab, um Feuer- und Bauholz zu gewinnen – und wilderten rund 9000 Flusspferde. Zehn Jahre später war deren Bestand bereits auf unter 1000 zusammengeschmolzen. Heute ist davon nicht einmal mehr die Hälfte übrig.

Wie die Fischer von Vitshumbi sind viele Tausend Menschen rund um den Edwardsee vom Fisch abhängig. Doch ohne Flusspferde gibt es keine Fische. Ihre Existenz ist an die der riesigen Pflanzenfresser gekoppelt. Rund 27 Kilo Kot bringt jedes Flusspferd täglich in den See ein. Eine gewaltige Menge organischer Substanz, die für gutes Planktonwachstum sorgt. Das Plankton wiederum ernährt unzählige Würmer und Larven, die ihrerseits von den Fischen gefressen werden. Für Robert Muir zeigt das Dilemma der Fischer eines ganz klar: Die Zerstörung der natürlichen Ressourcen in Virunga und der Raubbau an den Wildtieren trifft letzten Endes die ohnehin am Existenzminimum lebende Bevölkerung am härtesten.

Die Schönheit Afrikas

»Einen schöneren Platz wie diesen *kann* es nicht geben«, schwärmte Grzimek von der Region südlich des Edwardsees, die bereits 1925 von der belgischen Kolonialmacht als Albert-Nationalpark unter Schutz gestellt worden war. Kein Park in Afrika beherbergt eine solche Vielzahl an unterschiedlichen Lebensräumen wie der Virunga-Nationalpark, der bis über 5000 Meter hinaufreicht. Dazu gehören Seen in verschiedenen Höhenlagen, Sümpfe und Torfmoore, Schneefelder und das ewige Eis der afromontanen Regionen. Man findet Tieflandregenwälder, Trockenwälder, die in Bambus- und Bergregenwälder übergehen, genauso wie Steppen, Savannen, Lavafelder und alpine Heidelandschaften, und in der Rwindi-Ebene sogar heiße Quellen und kleine Salzseen.

Der Park ist berühmt für seine Tiere. 1901 wurde hier das Okapi entdeckt, die scheue Waldgiraffe, die nirgendwo sonst auf unserer Erde vorkommt. Berggorillas leben an den Hängen der Virunga-Vulkane, Flachlandgorillas auf dem Mount Tshiaberimu nordöstlich des Edwardsees. Früher beherbergte der Park rund 200 Säugetierarten, und bis vor dem Bürgerkrieg lebte in den Ebenen entlang der Flüsse die größte Ansammlung von Wildtieren in ganz Afrika. Noch heute gibt es dort Schimpansen, Elefanten, Löwen, Leoparden, verschiedenste Arten von Antilopen und Gazellen. Mehr als 800 Vogelarten sind in Virunga nachgewiesen, 24 davon sind endemisch.

Friedliche Gorillas auf den Vulkanbergen

Eine dieser Arten, die dem Park Einzigartigkeit und internationales Renommee verleihen, sind die Berggorillas. Kabirizi und seine Familie ahnen nichts von ihrer Berühmtheit. Aber sie ahnen auch nichts von all den Unruhen um sie herum. Weder davon, dass der Bukima-Rangerposten, der sie beschützt, von einer Rebellenhorde überfallen und ausgeraubt worden ist, noch davon, dass die Familien der Ranger ihre Häuser verlassen und flüchten mussten, um ihr Leben zu retten. Kabirizi ist ein prächtiger Silberrücken und eindeutig der Chef der 33 Köpfe starken, nach ihm benannten Kabirizi-Gruppe, die friedlich im Wald vor sich hin döst, Fellpflege betreibt oder sich Blätter in den Mund stopft. Berggorilla-Alltag. Die Kabirizi-Gruppe ist eine von sechs Gruppen von *Gorilla gorilla beringei* an den Hängen der gut 4000 Meter hohen Virunga-Vulkane im südlichen Sektor des Nationalparks.

Rund 350 Berggorillas leben hier im Grenzgebiet zwischen Kongo und Ruanda. Weiter nördlich, im ugandischen Bwindi Impenetrable Forest, noch einmal 320. Mehr Berggorillas gibt es nicht. Nirgendwo, nicht in allen Zoos der Welt. Verschwinden sie aus diesen Bergwäldern, verschwinden sie für immer von unserem Planeten. Eine Vorstellung, die für Robert Muir und die Ranger des Gorilla-Sektors absolut inakzeptabel ist. Die Ranger verstehen sich als Lebensversicherung der Gorillas, ohne die diese längst Wilderern zum

Ranger sind für die Überwachung der Berggorillas in Virunga zuständig. Sie kennen jedes Tier genau und verfolgen alle Bewegungen der Gorillafamilien.

Im Sommer 2007 wurden mehrere Gorillas von Unbekannten getötet – ein Sabotageakt gegen den Nationalpark. Doch es kam noch schlimmer. Im Herbst 2007 hatten bewaffnete Rebellen den gesamten Gorilla-Sektor des Parks unter Kontrolle, die Ranger waren machtlos.

FOLGENDE DOPPELSEITE:
Rund 700 Berggorillas leben auf unserer Erde. Die Hälfte dieser Tiere bewohnen die Bergwälder an den Hängen der Virunga-Vulkane im Dreiländereck zwischen Kongo, Ruanda und Uganda.

Für die Menschen könnte der Park mit seinen Naturschätzen eine Perspektive für die Zukunft bedeuten. Doch dazu müsste erst Ruhe und Stabilität im Ostkongo einkehren.

Unvorstellbare Armut prägt den Alltag in den Dörfern rund um den Park.

Robert Muir muss bei den Menschen Überzeugungsarbeit leisten, damit sie verstehen, warum sich der Schutz der natürlichen Ressourcen auch für sie lohnt.

RECHTE SEITE:
Frauen transportieren Feuerholz aus dem Wald zu ihren Häusern. An vielen Ecken des Parks wird jedoch nicht nachhaltig gesammelt, sondern massiv Holz geschlagen. Zudem setzt die illegale Gewinnung von Holzkohle dem Park vermehrt zu.

Opfer gefallen wären. Dass die imposanten Menschenaffen inmitten eines brutalen Bürgerkrieges die letzten Jahrzehnte überlebt haben und ihr Bestand sogar leicht zugenommen hat, ist ohnehin ein kleines Wunder.

Der jüngste Nachwuchs der Kabirizi-Gruppe klammert sich noch ängstlich ins Fell seiner Mutter, die ihn behutsam von einer Schulter auf die andere schiebt, um besser nach den leckeren Blättern eines Buschs greifen zu können. Die fürsorglichen Blicke ihrer Beschützer ignoriert die Gorilladame geflissentlich, so wie sie alle Menschen als ungefährliche Wesen betrachtet und ihre Anwesenheit unbeeindruckt toleriert. Die Ranger beobachten die Gorillas seit vielen Jahren, kennen jedes einzelne Tier und alle Vorkommnisse in der Gruppe, und sie habituieren die Tiere, das bedeutet, sie gewöhnen sie daran, die Gegenwart von Menschen nicht als Gefahr zu betrachten. Eine Investition in die Zukunft, wenn vielleicht wieder ein sanfter Tourismus zu den Berggorillas möglich sein und den Menschen der Region die Grundlage für ein bescheidenes Auskommen liefern wird. Bis dahin liegt das Schicksal der sanften Menschenaffen in den nebligen Bergwäldern allein in den Händen den Parkranger.

Ein Park in Gefahr

1979 erklärte die UNESCO den Virunga-Nationalpark, in dessen Ebenen entlang der Flüsse damals die größte Ansammlung von Wildtieren in ganz Afrika lebte, zum Weltnaturerbe. Zum Schatz der gesamten Menschheit, der es wert ist, von der internationalen Staatengemeinschaft geschützt und für kommende Generationen bewahrt zu werden. Doch schon bald war dieser Schatz in Gefahr. Mit Beginn der Unruhen Anfang der 1990er Jahre kamen unzählige Rebellen in den Park, um sich dort zu verstecken und die Ressourcen zu plündern. Seit 1994 steht Virunga auf der Liste der gefährdeten Weltnaturerbe-Gebiete. Endlose Bürgerkriegswirren und die ständige Anwesenheit von Banditen, illegalen Siedlern, Rebellengruppen, Söldnertruppen und abtrünnigen Soldaten machen den Schutz des Parks zu einer gefährlichen Herausforderung.

»97 Ranger wurden allein zwischen 1996 und 2006 im Dienst getötet – während sie versucht haben, den Park und seine Tiere vor Wilderern zu schützen«, berichtet Robert Muir, dem die Bewunderung für die Männer des Institut Congolais pour la Conservation de la Nature anzumerken ist. Diese Behörde ist für den Schutz des Virunga-Parks verantwortlich. Doch entwaffnet, ohne Ausrüstung, ohne Infrastruktur, ohne entsprechende Ausbildung und in absoluter Unterzahl konnten die Ranger nicht viel ausrichten. Trotzdem haben sie ihr Bestes gegeben, jahrelang ohne Bezahlung gearbeitet, durchgehalten, ihr Leben riskiert.

Die Mitglieder der Rugendo-Familie tollen im Mai 2007 friedlich durchs Geäst. Wenige Wochen später wurde diese Familie bei einem sinnlosen Massaker zur Hälfte ausgelöscht.

Für die Beobachtung von Gorillas gelten, wie bei allen Menschenaffen, strenge Regeln. Besucher müssen mehrere Meter Abstand zu den Tieren halten, damit keine Atemwegsinfektionen oder andere Krankheiten auf die Gorillas übertragen werden.

640 Ranger sind in Virunga stationiert, und jeder der vier Sektoren des Parks verfügt über ein Fahrzeug. Ein Fahrzeug für mehr als 2000 Quadratkilometer. Ein Fahrzeug, um eine Fläche von der Größe des Saarlands zu überwachen. Funkausrüstung ist in den Rangerstationen kaum vorhanden, und wenn, ist es nur eine Frage der Zeit, bis sie von Banditen gestohlen wird. Den im Busch versteckten Rebellen, aber auch den Truppen des kongolesischen Militärs, die eigentlich den Schutz des Parks verstärken sollen, sich jedoch nur allzu häufig am illegalen Treiben der Wilderer beteiligen, sind die engagierten Ranger ein Dorn im Auge.

Eine Elite-Einheit zum Schutz der Natur in Virunga

Zeit gewinnen heißt deshalb die Devise für den Schutz der Natur in Virunga. So viel wie möglich erhalten und über die Krise hinwegretten. »Um Virunga auch als Basis für eine wirtschaftliche Zukunft der Menschen zu erhalten, braucht der Park eine durchsetzungsstarke Rangertruppe«, erläutert Muir die Strategie der ZGF im Kongo, die auf den ersten Blick weit entfernt scheint von dem, was man üblicherweise von Naturschützern erwartet. Unterstützt von der Europäischen Union, der UNESCO und dem US Fish & Wildlife Service, entwickelte Muir gemeinsam mit der Parkbehörde ICCN ein Trainingsprogramm, das 480 Ranger aus Virunga innerhalb eines Jahres durchliefen. Eine logistische Herausforderung ganz nach dem Geschmack des jungen Briten, der ebenso gekonnt mit den Generälen der im Kongo stationierten UN-Truppen verhandelt wie ganz banale Hilfe in Form von Kochtöpfen oder Schuhen für die Ranger organisiert. Britische und südafrikanische Ausbilder brachten Virungas Ranger auf Vordermann, aus den 52 Besten bildeten sie eine Art Spezialeinheit, die in Notfällen die regulären Ranger unterstützen soll. Für Virunga bedeutet das: Die sogenannte Advance Force ist ständig im Einsatz, schlichtet, wo möglich, und greift entschlossen durch, wo nötig.

Die ZGF als Naturschutzorganisation muss Projekte wie diese Rangerausbildung besonderes sorgfältig abwägen und prüfen. Schließlich investiert sie Spendengelder in eine Ausbildung, bei der die Ranger Wichtiges über Flora und Fauna ihres Parks lernen, über Beobachtungstechniken und die Naturschutzgesetze, bei der sie aber auch in Konfliktmanagement geschult werden und den richtigen Umgang mit ihren Waffen lernen. Doch die Erfolge der Advance Force und der anderen Ranger bereits im ersten Jahr sprechen deutlich für das Projekt. Für die letzten Flusspferde an den Ufern des Edwardsees und die Gorillas in den Bergwäldern der Vulkane sind die Ranger die letzten Schutzengel. Ihr Überleben hängt davon ab, wie einsatzbereit die Rangertruppen auch in Zukunft sein werden.

Fragen an

Guy Debonnet, Programmleiter Weltnaturerbe, UNESCO

Der Virunga-Nationalpark steht bereits seit 13 Jahren auf der Liste der bedrohten Welterbe-Gebiete. Was bedeutet das für den Park?

Im Jahr 1994 hat die UNESCO den Virunga-Nationalpark auf die Liste des bedrohten Welterbes gesetzt. Der ausschlaggebende Grund für diese Entscheidung war die stetige Verschlechterung im Management des Parks, bedingt durch fehlende Kapazitäten und den nicht abreißenden Strom von Flüchtlingen aus Ruanda. Auf der Flucht vor dem Genozid siedelten sich die Menschen in unmittelbarer Nähe des Nationalparks an, was zur Folge hatte, dass Entwaldung und Wilderei erheblich zunahmen. Seit 1996 leidet die Region unter den Auswirkungen des Bürgerkriegs und anderen Konflikten, die das Land und die Region der großen Seen immer wieder heimsuchen.

Die »Liste des bedrohten Welterbes« wurde 1972 von der Welterbe-Konvention als Steuerungsinstrument ins Leben gerufen, um die entsprechenden staatlichen Stellen, aber auch die internationale Staatengemeinschaft zu alarmieren, dass eine Welterbe-Stätte im Begriff ist, die besonderen Werte einzubüßen, deretwegen sie einst in die Liste aufgenommen wurde. Im Fall von Virunga führte die Aufnahme in diese »rote Liste« zur Gründung eines internationalen Bündnisses unter der Führung des UNESCO-Welterbe-Zentrums sowie der kongolesischen Nationalparkbehörde ICCN, das von vielen internationalen Naturschutzorganisationen unterstützt wird. Gemeinsames Ziel ist es, den Virunga-Nationalpark, aber auch die vier anderen World Heritage Sites des Kongo in den anhaltenden Konflikten zu schützen und den Schaden im Hinblick auf die »Welterbe-Kriterien« so gering wie möglich zu halten. Zum einen bemüht man sich, die ICCN in ihrer Naturschutzarbeit vor Ort zu unterstützen, zum anderen wird auf diplomatischer Ebene versucht, die verschiedenen Konfliktparteien für das Problem zu sensibilisieren. Anfang 2007 bekam der Kongo eine neue Regierung, und seitdem verstärken das UNESCO-Welterbe-Zentrum und seine Partner ihre Bemühungen, diese in den Prozess einzubinden, Lösungen für die Bedrohung der Gebiete zu finden.

Der Virunga-Nationalpark ist nahezu permanent durch Wilderei, gewaltträchtige Konflikte und illegale Abholzung gefährdet. Warum ist es für die UNESCO und nichtstaatliche Naturschutzorganisationen so wichtig, diesen Park aufrechtzuerhalten und zu unterstützen?

Allein die Tatsache, dass Virunga überhaupt in die Welterbe-Liste aufgenommen wurde, spricht schon dafür, dass er eine sehr große Bedeutung für die gesamte Menschheit hat. Der Park beherbergt eine außergewöhnliche Fülle an unterschiedlichen Ökosystemen sowie Tier- und Pflanzenarten, und er ist geologisch bedeutsam. Die Aufnahme in die »rote Liste« ist auch ein Appell an die internationale Gemeinschaft, den zuständigen Behörden vor Ort bei der Bewältigung der Probleme zu helfen. In diesem Sinne unterstützen die UNESCO und ihre Partnerorganisationen die kongolesische Naturschutzbehörde ICCN in ihrem Bemühen, unwiederbringliche Verluste im Park zu verhindern. Es ist unsere Pflicht, alles nur Mögliche zu tun, um Virunga für die kommenden Generationen zu bewahren.

04
BALE MOUNTAINS | ÄTHIOPIEN
AUF DEM DACH DES KONTINENTS

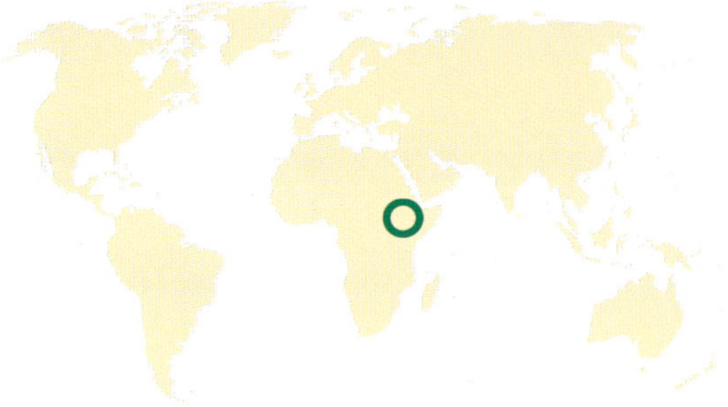

Nekemt
ADDIS ABEBA
Nazret
K'ok'a-
See
Ziway-
See
Asela
Agaro
Jima
Abiyata-See
Langano-
See
Shala-See
K'ech'a
Terara
4190
Wabe Shabele
Sheshemane
Ginir
Dinsho
Robe
Web
Goba
Awasa
Dodola
Batu
4307
Awasa-
See
Sanetti-Plateau
Megalo
Ostafrikanischer Graben
Yirga Alem
Tullu Deemtu
4377
Katcha
Harenna-
Wälder
Bale-Mountains-
Nationalpark
Wendo
Mena
ÄTHIOPIEN
Angetu
Abaya-See
Welmel
Kibre Mengist
Shamo-See
Ganale
Negele Borana
Konso
N
0
50
100 km
LIBYEN
ÄGYPTEN
SAUDI-
ARABIEN
TSCHAD
ERITREA
JEMEN
SUDAN
DSCHIBUTI
SOMALIA
ÄTHIOPIEN
ZENTRAL-
AFRIKANISCHE
REP.
UGANDA
KENIA
DEM. REP.
KONGO
RUANDA
BURUNDI
Indischer
TANSANIA
Ozean
MALAWI
ANGOLA
SAMBIA
MOSAMBIK
MADAGASKAR

Der Naturschutz will vor allem verhindern, daß einzelne Tierarten aus unserem Erdball ausgerottet werden, daß Landstriche zerstört, verödet, zersiedelt werden, wie das schon in großem Umfang durch Unverstand geschehen ist. BERNHARD GRZIMEK, 1974

Auf dem Dach des Kontinents

Die Bergregionen Afrikas gehören zu den Schatzkammern des Kontinents, weil dort viele endemische Arten leben, die sonst nirgends auf der Welt vorkommen. Intakte Bergwälder und Sumpfgebiete bestimmen den Wasserhaushalt der Tiefebenen, und davon hängt das Überleben von Millionen von Menschen ab.

Waren es die allerersten Sonnenstrahlen, die der Zeltinnenseite Farbe und Kontur verliehen und damit den Impuls zum Aufwachen gaben? Alastair Nelson verschwendet daran keine weiteren Gedanken. Wach ist wach, und Sonnenstrahlen sind immer gut. Mehr beschäftigt ihn da schon das Durstgefühl. Irgendwo neben dem Schlafsack muss doch die Aluminiumflasche mit dem Quellwasser liegen. Der kurze Schütteltest bleibt ergebnislos. Kein Glucksen. »Kann nicht sein – gestern Abend beim Einschlafen war die Flasche noch halb voll«, meldet das Hirn ungefragt. Es dauert ein paar verwirrend lange Sekunden, bis die plausible Antwort gefunden ist: Wasser, das beim Schütteln nicht gluckert, ist gefroren. Eis in der Feldflasche. Im Zelt. In Afrika. In Afrika?

Für Alastair ist es nicht der erste Eiscocktail zum Frühstück, nur heute hatte er noch nicht damit gerechnet. Bitterkalt dürfte es eigentlich erst in drei Monaten werden. Aber was heißt schon eigentlich, in einer Zeit, in der sich Niederschläge und Temperatur längst nicht mehr an jahrhundertelange Abläufe halten? Also bleibt nur, raus aus dem Schlafsack, so schnell wie möglich in die noch klamme Hose, Daunenjacke drüber und hinaus in diesen grandiosen Morgen.

Nur zwei Kilometer Luftlinie entfernt hat es jemand nicht so eilig mit dem Aufstehen. Zusammengerollt liegt ein rotes Bündel auf einem dicken Moospolster, die lange Schnauze tief ins wärmende Fell gesteckt. Es ist ein Wolf, der hier den frühen Morgen verdöst und lieber noch etwas abwartet, bis die Sonne ein bisschen mehr wärmt. Eile ist auch nicht angebracht, denn schließlich ist dieser äthiopische Verwandte des europäischen Wolfs, mit wissenschaftlichem Namen *Canis simensis*, weder Rudel- noch Nachtjäger.

Seine Lieblingsspeise, meerschweinchengroße Riesengraumulle, leben meist unerreichbar unter der Erde und wagen sich nur kurz zum Fressen ans Tageslicht. Auch die Mulle warten dafür lieber auf den warmen Tag und verbringen die eiskalte Nacht gut geschützt im Erdbau. Wenn also das Frühstück noch nicht bereitsteht und die Spielkameraden noch auf den umliegenden Moospolstern schlafen, ist es einfach noch zu früh zum Aufstehen.

Nicht so für Alastair: Er hat ein volles Tagesprogramm. Keine Zeit zum Zögern. Die optische Bestätigung für die Nachttemperaturen erhält er, sobald er den Zeltreißverschluss öffnet: Neuschnee hat das Sanetti-Plateau weiß bepudert. Grüne Moospolster, orangerote Flechten, ockerfarbene Gräser sind im Einheitsweiß

VORHERGEHENDE DOPPELSEITE:
Das äthiopische Hochland gehört zu einem der weltweit 34 Hotspots der Biodiversität. In den Bale-Bergen leben 17 Säugetier- und 8 Vogelarten, die es außer in Äthiopien nirgends gibt.

Schnee im äthiopischen Hochland – für Afrika ein ungewöhnlicher Anblick. Äthiopien ist der Höhenrekordhalter Afrikas. Drei Viertel des Landes liegen in mehr als 3000 Meter Höhe.

Wenn die Biologen auf dem Sanetti-Plateau im Bale-Nationalpark in 4000 Meter Höhe campen, ist Durchhaltevermögen gefragt.

RECHTE SEITE:
Er kennt weder Höhenkrankheit noch Furcht vor Kälte. Der Äthiopische Wolf (*Canis simensis*) ist ein echter Bergsportler. Er bewohnt die kargen Hochebenen und ist die seltenste Canidenart der Welt. Nur noch 500 Tiere dieser Art sind übrig.

untergegangen. An den Rändern des kleinen Moortümpels wächst eine dünne Eisschicht in Richtung Seemitte. Alastairs Blick wandert über die weite Ebene aus alpinen Matten, eingestreuten Felsen und Kleingewässern bis zu den Bergketten am Horizont, an denen sich Wolken und Morgensonne im Wettlauf bis zu 4000 Meter Höhe emporschieben.

»Irres Gebiet, toller Morgen, klasse Job« – wer so denkt nach einer eiskalten Nacht, nach drei Tagen auf Pferderücken in denkbar unbequemen Holzsätteln, mit der Aussicht auf ein Frühstück, das bestenfalls aus einer Tasse heißem Tee und ein paar Keksen besteht, und obwohl er weiß, dass ihm ein Gewaltmarsch bis zum Web-Tal bevorsteht, der muss eine besondere Leidenschaft haben. Für die ungezähmte Natur, für Afrika und auch für körperliche Anstrengungen.

Die gute Konstitution des blonden 32-jährigen Südafrikaners ist unübersehbar. Seine Begeisterung für die Wildnis Afrikas und das Bedürfnis, zu ihrer Erhaltung beizutragen, ist sofort erkennbar, wenn man ihn sprechen hört. Am Lagerfeuer genauso wie im Hörsaal einer Universität. Doch was seine eigene Person angeht, ist er wesentlich zurückhaltender. Da braucht es schon einen langen Abend vor dem wärmenden Kaminfeuer in seiner Berghütte und den einen oder anderen schottischen Single Malt Whisky, um ihm ein paar Geschichten aus seinem Leben zu entlocken: aufgewachsen in Südafrika, britischer Staatsbürger, Pendeln zwischen den Kontinenten; Biologiestudium in Südafrika, Diplomarbeit über Grevy-Zebras in Nordkenia und an der renommierten Wildlife Conservation Research Unit der Universität Oxford. Antiwilderei-Patrouillen mit den Rangern in südafrikanischen Nationalparks, Überwachung von Nashörnern, Zebra-Telemetrie in Botsuana und Wildzählungen aus der Luft sind Stationen seiner Arbeit.

Der jahrelange Aufenthalt in verschiedenen afrikanischen Ländern hat auch sprachliche Spuren hinterlassen. Dass Alastair Nelson fließend Englisch und Afrikaans spricht, versteht sich schon fast von selbst, die Ergänzung durch Zulu und Swahili ist allerdings eher ungewöhnlich. Seit 2004 ist er Projektleiter der Zoologischen Gesellschaft Frankfurt im Bale-Nationalpark im äthiopischen Hochland. Und hat eine Riesenaufgabe vor sich.

Bale – Juwel am Abgrund

Schon 1970 wurden in den Bale-Bergen im südlichen Hochland Äthiopiens 2200 Quadratkilometer unter Schutz gestellt. Doch damit fingen die Probleme bereits an, denn gesetzlich anerkannt wurde der Nationalpark bis heute nicht. Bei Alastairs Ankunft hätte die Situation kaum desolater sein können. Der Jahresetat des Parks betrug 17 000 Dollar, die Rangerposten waren weitgehend zerfallen, die Truppe überaltert, miserabel ausgestattet, schlecht bezahlt, völlig unmotiviert. Touristen verirrten sich so gut wie nie in diese faszinierende, aber doch sehr abgelegene Bergregion. Und selbst wenn, hätten sie dort weder Wege noch Hütten vorgefunden.

Ohne Touristen gab es aber auch keinerlei zusätzliche Einkunftsmöglichkeiten. Die Bevölkerung vor Ort war in die Schutzbemühungen nicht eingebunden, ein Bewusstsein für die Notwendigkeit dieses Nationalparks war kaum vorhanden. Mehrere Tausend Menschen und über zehntausend Haustiere – Rinder, Ziegen, Schafe, Pferde und Hunde – hielten sich zeitweise oder ganzjährig im Park auf. Feuchtgebiete wurden trockengelegt, die Wälder durch das Sammeln von Feuerholz und Beweidung zerstört.

Warum engagiert sich eine deutsche Naturschutzorganisation ausgerechnet an so einem entlegenen und vielleicht hoffnungslosen Fleck? Und auch noch in Äthiopien, einem Land, das für Hunger, Dürre und Krieg mit den Nachbarländern Eritrea und Somalia steht? Stellt man Alastair diese Frage, ist es mit seiner Zurückhaltung vorbei: »Äthiopien ist das Dach Afrikas. 70 Prozent des Landes liegen über 3000 Meter hoch. Dort befinden sich drei Viertel der afroalpinen Regionen des Kontinents. Und der Giebel dieses Daches sind die Bale-Berge. In Höhen zwischen 1600 und 4300 Metern liegen seltene alpine Matten, ausgedehnte Feuchtgebiete, mehr als die Hälfte des Parks besteht aus wertvollen Harenna-Feuchtwäldern. Vierzig Quellflüsse entspringen den Bale-Bergen, darunter der Shibeli und der Juba, die größten und wichtigsten Flüsse des somalischen Tieflands.«

Mit Wasser kennt Alastair sich aus, schließlich hatte er ein Jahr lang in Südafrika bei der Sicherung von Wassereinzugsgebieten gearbeitet. Hier in den Bale-Bergen hat das Wasser jedoch noch eine ganz andere Dimension: »Die Wälder, Sümpfe und Moore wirken wie ein Schwamm. Sie sichern die Wasserversorgung von mehreren Millionen Menschen in den trockenen Tieflandregionen. Es wäre wesentlich kostensparender und viel humaner, die Wasserversorgung zu sichern, indem man die Bergwälder schützt, statt später die

Moose und Flechten trotzen Kälte und Wind und überziehen die Felslandschaft mit grau-grünen Polstern.

Die Bale-Berge sind Regenfänger. Die Quellen und Flüsse versorgen ein riesiges Gebiet bis ins Tiefland von Somalia.

Überweidung mit Haustieren ist eine große Gefahr für die empfindlichen alpinen Matten.

Viehverbiss, Trittschäden und Feuerholzentnahme bedrohen die seltenen Harenna-Wälder.

LINKE SEITE:
Wo es für Wälder zu hoch und zu kalt ist, werden Glockenblumen zu Schopfbäumen. Die Riesenlobelien wachsen in vielen Jahrzehnten zu meterhohen Säulen heran.

FOLGENDE DOPPELSEITE:
Gemeinsam leben, einzeln jagen – diese Strategie ist für den Äthiopischen Wolf durchaus sinnvoll, denn seine Beute, überwiegend Nagetiere, eignet sich nicht zum Teilen.

Bartgeier *(Gypaetus barbatus)* durchstreifen die Berge auf der Suche nach Knochen, ihrer bevorzugten Nahrung.

Die Grasratten *(Arvicanthus blicki)* gehören zu den endemischen Nagetieren. Zusammen mit anderen Arten kommen sie in beeindruckender Dichte vor und erreichen eine Biomasse von vier Tonnen pro Quadratkilometer.

Bergnyalas *(Tragelaphus buxtoni)* sind eine sehr seltene und äußerst bedrohte Antilopenart. Weniger als 4000 Tiere gibt es noch, die Population der Bale-Berge gehört zu den größten und wichtigsten.

Dieser Frosch *(Leptopelis gramineus)* ist ebenfalls eine endemische Art in Äthiopien. Seine Kaulquappen wurden noch in 4000 Meter Höhe gefunden.

hungernde Bevölkerung in den Trockengebieten mit Wasser und Nahrungsmitteln zu versorgen.« Infolge dieser Erkenntnis schmiedet Alastair bereits Allianzen mit Entwicklungsorganisationen und richtet als Teil des ZGF-Projekts eine Überwachung der Wasserressourcen im Park ein. Die gewonnenen Daten könnten bald weltweit Bedeutung bekommen. Wenn der Klimawandel sich auch auf dem afrikanischen Kontinent stärker bemerkbar macht, wird man das bei den Quellflüssen der Bale-Berge deutlich messen können.

Doch nicht nur das Wasser verleiht den Bale-Bergen eine so enorme Bedeutung. Berge wirken in der Evolution oft wie Inseln. Für viele Organismen stellen sie unüberwindbare Hindernisse dar und fordern wegen ihrer besonderen klimatischen Verhältnisse eine spezielle Anpassung. Tiere und Pflanzen in den Bergregionen sind daher meist auf diesen Raum beschränkt, und deshalb gibt es dort besonders viele Endemiten, also Arten, die nur dort und sonst nirgends auf der Welt vorkommen.

Was die Bibliothek des Lebens angeht, sind die äthiopischen Hochländer eine besonders wichtige und leider auch besonders bedrohte Abteilung. 78 Säugetierarten haben Biologen im Bale-Park nachgewiesen. Von den 31 äthiopischen Endemiten leben 17 in den Bale-Bergen. Von den 284 Vogelarten, die hier vorkommen, gibt es sechs nur in dieser Region. Wenn es nicht gelingt, die Bale-Berge zu schützen, wäre die Erde mit einem Schlag um 23 Vogel- und Säugetierarten ärmer. Unwiederbringlich. Außerdem wachsen 40 Prozent der Arzneipflanzen Äthiopiens in den Harenna-Wäldern, die auch die letzten Rückzugsgebiete für Wildhunde und sogar Löwen sind. Kein Wunder also, dass die äthiopischen Hochländer beim Schutz der biologischen Vielfalt ganz oben rangieren. Von weltweit 34 *hot spots* – so nennt man besonders wichtige und besonders gefährdete Gebiete – ist einer die afroalpine Region Äthiopiens. Die Bale-Berge haben Weltbedeutung.

Wolf im Fuchspelz

Von all dem ahnt der Wolf nichts, der mit zunehmender Wärme langsam in die Gänge kommt. Noch mal kurz die kalte Nacht und den Reif aus dem Fell geschüttelt, dann das obligatorische Strecken und Dehnen der langen Vorderläufe, und mit ein paar eleganten Sprüngen wieder Bewegung in die klammen Glieder gebracht. Der Eifer wirkt ansteckend. Sekunden später gähnen und strecken sich acht rote Wölfe zwischen den Moospolstern und beginnen mit den Aufwärmübungen. Erst mal steht ausgiebiges Spielen auf dem

Stundenplan. Fast sieht es so aus, als ob jedes Tier überrascht und erfreut wäre, dass alle anderen im Rudel die Nacht ebenfalls heil überstanden haben. Intensives Beschnüffeln, Lefzenlecken, kurze Verfolgungsspiele – es ist eine ausgelassene, friedliche Gemeinschaft, die sich hier mit Morgengymnastik auf den Tag einstimmt. Schließlich treibt der Hunger sie an, und zwei große Tiere, das dominante Elternpaar, verfallen als Erste in einen lockeren Trab. In den folgenden Stunden werden sie fast immer in Bewegung sein. Wunderschön im rotbraunen Pelz, mit der langen Schnauze und der weißen Fellzeichnung an Brust, Bauch und Beinen, durchstreifen sie in elegantem Lauf, wie er nur langbeinigen Tieren eigen ist, die alpinen Matten nach Nagetieren. Jeder für sich, aber doch nicht allein.

Nur ab und zu unterbricht ein Tier seinen Streifzug. Steckt einmal die Nase tief in eine Nagerhöhle, um zu prüfen, ob sich das Graben hier lohnt. Oder versteinert blitzschnell an einer anderen Stelle, wenn die Ohren ein untrügliches Rascheln melden. Ein Riesengraumull auf dem Weg ans Tageslicht? Genau das Richtige für einen hungrigen Landstreicher. Allerdings muss der Zweimetersprung dann schon genau sitzen. Abdruckkraft, Sprunghöhe, Angriffswinkel, alles genau bemessen und zeitlich exakt kalkuliert. Auf die Zehntelsekunde genau. Kurze, schnelle Kaubewegungen verraten dann, dass es diesmal gut für den hungrigen Wolf und schlecht für die Maulwurfsratte ausgegangen ist.

Das Rudel, das an diesem Morgen den Rand der Sanetti-Hochebene durchstreift, weiß nichts von seiner biologischen Bedeutung. Gerade mal 500 Verwandte haben diese Wölfe noch auf der Erde und gehören damit zu der am meisten bedrohten Caniden-Art überhaupt. Die Hälfte von ihnen bevölkert die Bale-Berge.

Wie so häufig war es der Mensch, der ihren Untergang eingeläutet hat. Anders als in Europa und Nordamerika, wo die dort deutlich größeren Wölfe den Haustieren oder dem Jagdwild nachstellten und daher gnadenlos verfolgt wurden, vollzog sich der Untergang der roten Afrikaner langsamer, aber nicht minder dramatisch. Durch Besiedelung und Ackerbau wurden die Tiere aus den Tälern immer weiter in die Berge hinauf gedrängt. Auch wenn sie sich nur sehr selten an ein Lamm oder Kalb wagten, als Raubtiere verfolgt wurden sie dennoch. Nicht selten wurden die wenig scheuen Wölfe sogar einfach erschlagen. Für die Anmut der schlanken Rattenjäger hatten und haben arme Hirten und Bauern keinen Blick.

In den letzten 20 Jahren ist eine neue Gefahr hinzugekommen. Eine, die das Schicksal der Äthiopischen Wölfe endgültig besiegeln könnte, eine, die weltweit immer stärker über Aussterben oder Überleben bedrohter Arten entscheidet.

Graumulle leben in Kolonien und bewohnen selbst gegrabene Tunnelsysteme. Ans Tageslicht trauen sie sich kaum und sind bei Gefahr blitzschnell verschwunden.

Alle Ausgänge sind geschlossen. Wenn die Graumulle jetzt nervös werden und einen Fluchtversuch wagen, profitiert davon mindestens ein Rudelgenosse. So lohnt sich auch bei kleiner Beute mitunter die Gruppenjagd.

Rudelgeschwister lernen früh, sich in den Sozialverband einzugliedern. Das ist besonders bei Raubtieren wichtig, denn sonst könnten Auseinandersetzungen zu oft zu Verletzungen und Tod führen.

Wie alle Wölfe auf der Welt wurden und werden auch die Äthiopischen Wölfe vom Menschen verfolgt. Dabei haben sie als große Raubtiere eine wichtige Funktion in den Ökosystemen und den komplexen Räuber-Beute-Beziehungen.

FOLGENDE DOPPELSEITE:
Moose und Flechten verwandeln die Erikawälder in eine Märchenlandschaft.

Viren als Totengräber

Pferde sind das wichtigste Transportmittel in den weitgehend straßenlosen Bergregionen. Hirten, Parkwächter und Biologen sind gleichermaßen auf sie angewiesen.

Cowboy ohne Cowboy-Allüren: Die Aufgabe des Projektleiters Alastair Nelson besteht darin, zu vermitteln und Kompromisse zu finden – zwischen dem Schutz der Natur und den Ansprüchen der Menschen.

Die Kartierung von Quellen und Sumpfgebieten ist besonders wichtig, um frühzeitig festzustellen, wie sich Überweidung oder Klimawandel auswirken.

Diese neue Gefahr geht von Krankheiten aus, die von Haustieren auf Wildtiere übertragen werden. Für den Äthiopischen Wolf heißen die Hochrisikofaktoren Tollwut und Staupe. Beide Viruserkrankungen sind unter Haushunden weit verbreitet. Während die Staupe Hunden und in Ausnahmefällen auch anderen Säugetieren wie Katzen oder Robben gefährlich werden kann, bedroht die Tollwut auch den Menschen. Tollwut ist besonders gefürchtet, weil sie zu den wenigen Krankheiten zählt, die den sicheren Tod bedeuten. In Europa gelang es durch flächendeckendes Ausbringen von Impfködern, die Tollwut bei den Wildtieren, vor allem bei den Füchsen, bis auf wenige kleine Restherde auszurotten, und die Haushunde werden ohnehin seit Jahrzehnten geimpft. Fälle von Tollwut sind in Europa äußerst selten geworden. Anders in Asien, Südamerika und Afrika. Dort sterben jährlich mehr als 30 000 Menschen an Tollwut; meistens bekommen sie die Krankheit durch Hundebisse.

Für die letzten Äthiopischen Wölfe sind solche Krankheiten, auf die sie immunologisch nicht vorbereitet sind, fatal. Anfang der 1990er Jahre raffte eine Epidemie drei Viertel der Wolfspopulation dahin. Zwei weiteren Tollwutwellen in den letzten 15 Jahren fielen in den Bale-Bergen jeweils ein Drittel der Tiere zum Opfer. Die Einschläge werden immer häufiger und treffen ohnehin geschwächte Populationen. Das Überleben der Bale-Wölfe wird also ganz entscheidend vom Kampf gegen Tollwut und Staupe abhängen.

Das weiß auch Alastair Nelson. Und das ist auch ein Grund für seine Trekking-Tour zum Sanetti-Plateau. Zusammen mit den Mitarbeitern des Projekts zum Schutz des Äthiopischen Wolfs will er einigen Rudeln auf dem Sanetti-Plateau und im Web-Tal einen Besuch abstatten. Regelmäßig müssen diese Gruppen kontrolliert werden, und beim ersten Anzeichen einer bedrohlichen Krankheit tritt ein Notfallplan in Kraft. Dass dieser inzwischen ausgereift ist, hat mit den bitteren Erfahrungen der letzten Krankheitswellen zu tun, aber auch mit dem engagierten Einsatz von einer Vielzahl von Tiermedizinern, Biologen und Wolfsforschern aus mehreren Ländern.

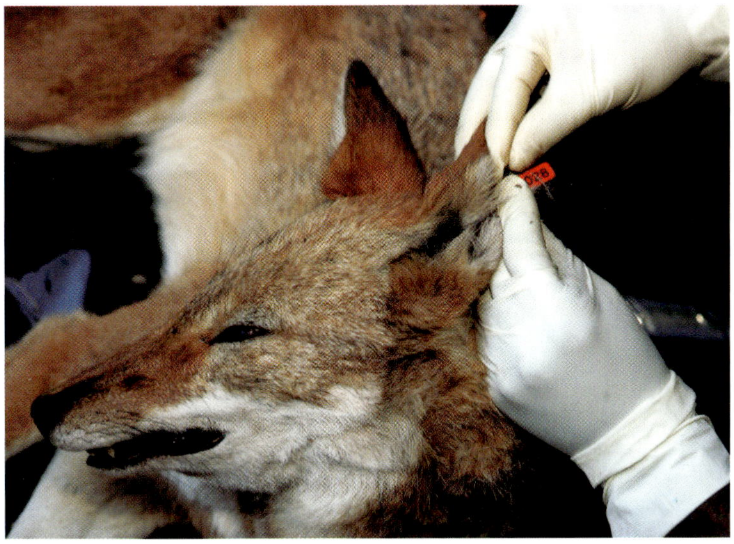

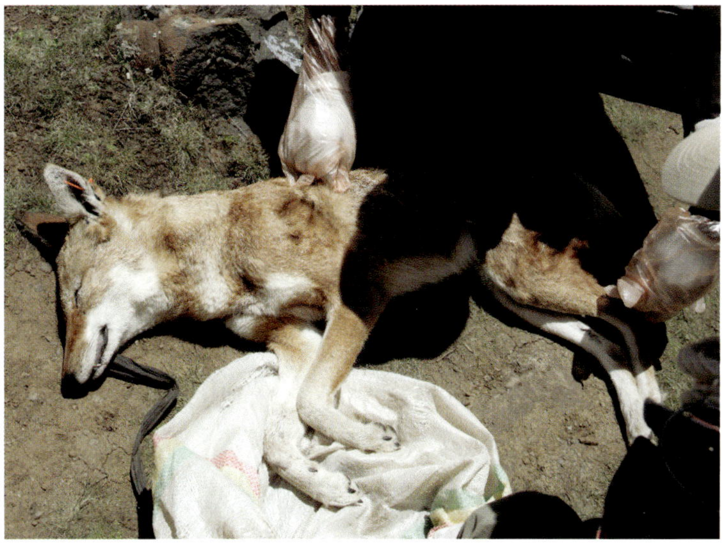

Der erste Schutzschild wird aufgebaut, bevor es überhaupt Alarm gibt. In aufwendigen Impfkampagnen werden Haushunde im und um den Bale-Park geimpft. Dadurch entsteht eine virenfreie Pufferzone für die Wölfe, die auch den Menschen sehr zugute kommt, weil dadurch die Tollwut eingedämmt wird. Nur wenn sich eine richtige Epidemie unter den Wölfen abzeichnet, werden auch sie geimpft. Das ist bei Wildtieren äußerst schwierig, zumal es in Äthiopien bisher nicht wie in Europa erlaubt ist, Impfköder auszulegen, die von den Tieren gefressen werden. Dahinter steckt eine unbegründete Angst vor dem künstlich hergestellten Impfstoff. Sollen die Wölfe geimpft werden, muss man sie fangen. Dies geschieht mit Fußfallen. Ist ein Wolf erst einmal festgesetzt, kann er betäubt, untersucht und geimpft werden. Die Anforderungen an eine erfolgreiche Impfaktion sind hoch. Man muss genau über die Wölfe und ihre Reviere Bescheid wissen und die Fallen ständig überwachen, die Tierärzte brauchen viel Erfahrung im Narkotisieren und im Umgang mit Wildtieren, der Impfstoff darf nicht unwirksam geworden sein, und natürlich müssen sich die Mitarbeiter über Wochen in den schwer zugänglichen Bergregionen aufhalten. Fehler sind bei den wenigen verbliebenen Wölfen unverzeihlich.

Eigentlich naheliegend, dass die englische Veterinärmedizinerin Dr. Karen Laurenson, die die Impfaktion der ZGF maßgeblich betreut und selbst jahrelang in den Bale-Bergen gearbeitet hat, sich zusammen mit ihren Kollegen Gedanken über einen strategischen Impfplan gemacht hat. Die Wissenschaftler fütterten ihre Computer mit allen Daten über die Zusammensetzung der Rudel, ihr räumliches Verhalten und den Verlauf der Krankheitswellen und erstellten so ein mathematisches Modell der Wolfspopulation. Dann ließen sie fiktive Viren auf die virtuelle Wolfspopulation los und spielten verschiedene Szenarien durch. Dabei zeigte sich, dass durch die erste Impfaktion der Wölfe im Jahr 2003 auch in der Computersimulation die Ausbreitung der Krankheit gestoppt werden konnte. Weiter wurde deutlich, dass es ausreicht, 20 bis 40 Prozent der Wolfspopulation zu impfen. Allerdings muss dies an strategisch wichtigen Punkten geschehen. Korridore zwischen Teilpopulationen zum Beispiel sind solche neuralgischen Punkte. Mit dieser Strategie kann der Fangstress für die Wölfe deutlich reduziert werden, Kosten und Zeit werden gespart, und es gibt trotzdem noch Tiere, die

Dieser Wolf wurde tot aufgefunden. Die Ohrenmarke stammt von einer früheren Impfaktion. Damals wurden bei einer Tollwutepidemie Wölfe geimpft.

Entdeckt man tote Wölfe, muss die Todesursache schnell herausgefunden werden. Tollwut- oder Staupeepidemien gehen meist von Haushunden aus. Wenn man weiß, von wo aus sie sich ausbreiten, kann man die Tiere gezielt impfen. Dieser Wolf starb auf natürliche Weise.

Der Trupp aus Biologen und Parkrangern kehrt nach tagelangem Ritt durch das Innere des Nationalparks zum Hauptquartier zurück.

Das neue Eingangstor des Parks ist ein Zeichen der Hoffnung. Die Zoologische Gesellschaft Frankfurt und die Parkverwaltung wollen gemeinsam mit weiteren Partnern das Juwel Bale-Berge in eine sichere Zukunft retten.

sich immunologisch mit der Krankheit auseinandersetzen und somit resistent werden. Die Wölfe kamen durch diesen strategischen Impfplan auf die Titelseite des wichtigsten Wissenschaftsmagazins – *Nature* –, und Laurenson und ihren Kollegen brachte er akademische Ehren ein.

Hoffnung für Zauberwald und roten Wolf

Inzwischen haben sich Früh- und Spätaufsteher getroffen. Alastair braucht nicht einmal sein Fernglas auszupacken, um die achtköpfige Wolfsgruppe zu beobachten. Hier im Inneren des Nationalparks sind die Tiere wenig scheu. Sie konzentrieren sich auf die Mulle und haben für den zweibeinigen Beobachter nur ab und zu einen kurzen Seitenblick übrig. Acht Tiere, alle wohlauf. Alastair ist zufrieden. Jetzt kann er sich an den Abstieg ins Web-Tal machen. Nach zwei Tagen wird er das Hauptquartier des Nationalparks erreichen und auch sein Blockhaus. Er weiß, dass ihn dort jede Menge Arbeit erwartet. Die Einrichtung der neu gebauten Parkhäuser muss besprochen werden, er muss sich dringend weiter um die mühsamen Anträge für die Funklizenzen kümmern, mit denen er sich schon zwei Jahre herumschlägt. Für die nächste Woche gilt es, ein Treffen mit Vertretern der umliegenden Gemeinden zu organisieren. Eine schwierige Aufgabe, geht es dabei doch um die Festlegung der Parkgrenzen entlang der besiedelten Gebiete. Sicher wird seine Mailbox voll sein mit Anfragen und Nachrichten aus der ganzen Welt, und dann ist es auch noch höchste Zeit, den Haushaltsplan für das nächste Jahr nach Frankfurt zu schicken.

Eigentlich würde Alastair ja lieber hier oben bei den Sanetti-Wölfen bleiben. Ohne Telefon, ohne E-Mail. Doch die fünf Tage in den Bergen haben ihm wieder gezeigt, wofür er sich hier einsetzt, und so ein Morgen wie dieser gibt ihm Kraft und Durchhaltevermögen für die nächsten Wochen am Schreibtisch und in Versammlungsräumen.

Fragen an

Dr. Karen Laurenson, Veterinärmedizinerin, Universität Edinburgh

Ist es wirklich vertretbar, in Ländern wie Äthiopien, in denen Menschen hungern und Kinder sterben, Naturschutzgebiete einzurichten?

Letztlich sind wir doch alle darauf angewiesen, dass die natürlichen Ressourcen unseres Planeten umweltverträglich und nachhaltig genutzt werden. Von den Wasservorräten, die aus den Bale-Bergen fließen, sind rund 12 Millionen Menschen abhängig. Wenn die Zerstörung der Wälder, Moore und Feuchtgebiete im jetzigen Tempo voranschreitet, dann sind in den stromabwärts gelegenen Gegenden Dürren und Hungersnöte bald ebenso an der Tagesordnung wie schwere Überschwemmungen. Das hätte katastrophale Auswirkungen auf die Land- und Viehwirtschaft. Deshalb ist es zwingend notwendig, dass die wenigen Tausend Menschen, die die Ressourcen der Bale-Berge nutzen, sorgsam damit umgehen und sich alternative Existenzgrundlagen schaffen. Denn wenn sie das natürliche Wasserrückhaltesystem in den Bale-Bergen zerstören, setzten sie die Existenz von Millionen Mitmenschen aufs Spiel. Man kann es auch so formulieren: Mit unserem Naturschutzprojekt in den Bale-Bergen tragen wir zur Existenzsicherung und zur Verbesserung der Lebensbedingungen verarmter Bevölkerungsgruppen bei. So etwas gibt es nur sehr selten.

Krankheiten gibt es immer und überall. Wenn eine Epidemie ausbricht, sollten dann nicht auch die Äthiopischen Wölfe allein damit fertig werden?

Obwohl Krankheiten in Wildtierpopulationen oft natürliche Ereignisse sind, gibt es viele Fälle, in denen ein Eingreifen gerechtfertigt ist – etwa um zu verhindern, dass eine Epidemie ausbricht, oder um sie unter Kontrolle zu halten. Bedrohte Arten mit zahlenmäßig kleinen Populationen können nicht überleben, wenn kurz hintereinander immer wieder starke Epidemien auftreten und die Erreger durch andere Tierarten eingeschleppt werden. Beides trifft auf den Äthiopischen Wolf zu. Tollwut und Hundestaupe gibt es in den Bale-Bergen nur deshalb, weil der Mensch die Erreger mit seinen Haushunden eingeschleppt hat – und deshalb bewerten wir das auch nicht als ein natürliches Ereignis. Dazu kommt, dass der Bestand des Äthiopischen Wolfs kontinuierlich abnimmt, weil der Mensch den Lebensraum dieser Tiere in landwirtschaftliche Nutzflächen verwandelt und zerstört. Wenn man also Krankheitsausbrüche nicht kontrollieren würde, könnten sie das Aus für den Äthiopischen Wolfs bedeuten.

Wie kann Äthiopien einen solchen Nationalpark überhaupt finanzieren? Die Regierung hat doch bestimmt gravierendere Probleme.

Die äthiopische Regierung erkennt zunehmend, dass das Wohl der Bevölkerung von einer gesunden Umwelt abhängt; das führt dazu, dass Naturschutz auf der Prioritätenliste immer weiter nach oben klettert. Zum Glück verfügt Äthiopien über ein außerordentliches Potenzial als Reiseland. Es gibt eine Vielzahl faszinierender kultureller und historischer Stätten, die Landschaft ist unglaublich eindrucksvoll und die Bevölkerung mit ihren über 70 unterschiedlichen Dialekten ungeheuer vielfältig. Gut organisierter Tourismus könnte einen wichtigen Beitrag zur Finanzierung und Wertschätzung von Naturschutzgebieten leisten. Außerdem hat die internationale Gemeinschaft die klare Verpflichtung, die armen Länder bei der Erhaltung der weltweiten Naturschätze zu unterstützen.

Sollte man den Äthiopischen Wolf in Gefangenschaft züchten und dann wieder in seinen natürlichen Lebensraum entlassen?

Diese Möglichkeit haben Naturschützer schon in Erwägung gezogen. Im Moment fehlen jedoch die finanziellen Mittel, um eine Zuchtpopulation in Äthiopien zu unterhalten. Außerdem steht derzeit auch kein zusätzlicher Lebensraum für ein Wiederansiedlungsprojekt zur Verfügung. Deshalb liegt der Schwerpunkt für den Schutz des Äthiopischen Wolfs darin, seinen Lebensraum zu schützen und seinen Fortbestand auch in Zukunft zu sichern.

05 ALPENRAUM

BARTGEIER IM AUFWIND

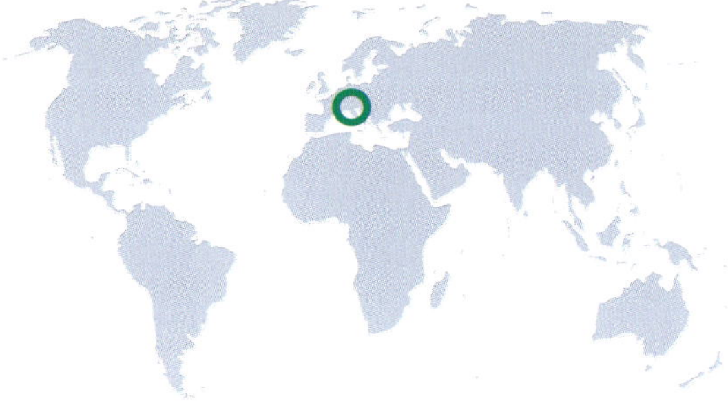

TSCHECHIEN
FRANKREICH
DEUTSCHLAND
ÖSTERREICH
LIECHTEN-
STEIN
SCHWEIZ
SLOWENIEN
KROATIEN
MONACO
SAN
MARINO
ITALIEN
Nancy
Straßburg
Stuttgart
Neckar
Donau
München
Linz
WIEN
Rhein
Inn
Saône
Basel
Bodensee
Zürich
Lech
Zugspitze
2962
Salzburg
Aare
BERN
Innsbruck
3797
Großglockner
Graz
Mur
Lausanne
Genfer
See
Rhône
Genf
Drau
Bozen
Marmolada
3342
3554
Adamello
Save
4634
Monte Rosa
Comer See
ZAGREB
Gardasee
Triest
Mailand
Verona
Rijeka
Venedig
Po
Turin
Mont
Pelvoux
4103
Krk
Cres
Pag
Monte
Viso
3841
Gap
Parma
Cuneo
Ravenna
Meeralpen
Savona
La Spezia
Rimini
Adriatisches Meer
Durance
Riviera
Aix-en-Provence
Cannes
Nizza
San
Remo
Pisa
Florenz
Ancona
Marseille
Toulon
Côte d'Azur
Elba
BARTGEIER
Freisetzungsort
Beobachtungsgebiet
Verbreitungsgebiet
N
0
50
100 km

Wir dürfen unsere eigenen Eindrücke und Reize nicht auf Tierarten übertragen. Sie folgen angeborenen, arterhaltenden Verhaltensformen, die sinnvoll auf ihren Lebenskreis zugeschnitten sind. BERNHARD GRZIMEK, 1974

Knochenbrecher im Aufwind

Über hundert Jahre lang waren die Bartgeier aus dem gesamten europäischen Alpenraum verschwunden. Als Lämmergeier verschrien, wurden sie von den Menschen erbarmungslos verfolgt und schließlich ausgerottet. Vor 30 Jahren begann eines der ambitioniertesten und erfolgreichsten Wiederansiedlungsprojekte. Heute sind die Könige der Lüfte mit einer eigenständig lebensfähigen Population zurück. Bartgeier wurden so zum Symbol für Wiedergutmachung und geben Hoffnung für die Zukunft.

12. Oktober 1827. Xaver Hirschbichl hasst Tage wie diese. Kalter Herbstwind pfeift von der Kieneckspitze herab und bläst ihm um die nassen Ohren. Der letzte Regenschauer hat ihn völlig durchnässt. Warum nur ist die Luisl, die graue Mutterziege, nicht bei der Herde geblieben? Warum hat er nicht schon an der Kuhalm gemerkt, dass sie fehlt? Jetzt steigt er bereits seit Stunden in den Wänden des Geißsprüngkopfs umher. Er zittert vor Wut, Kälte, Erschöpfung – und vor Angst. Angst vor der Strafe zu Hause, falls er ohne Luisl zurückkommt, Angst vor einem Sturz vom regennassen Fels in die Tiefe und Angst vor den Ungeheuern der Berge. Hat es nicht im letzten Frühjahr den kleinen Gruber Maxl erwischt? Den Rotschopf, der seinem Vater so gar nicht ähnlich sah? Vor den Augen der Eltern, so wurde berichtet, war der Zweijährige aus der Luft angegriffen worden, das Untier hatte dem schreienden Balg den Hakenschnabel in den Kopf getrieben, ihn mit den Fängen gepackt und einfach davongetragen. Wie ein Murmeltier.

Xaver schaudert, wenn er nur daran denkt. Sicher, er ist zehn Jahre älter, aber wer weiß, wozu die Bestie fähig ist? Abrupt wird er in seinen Gedanken unterbrochen. Fast hätte er das Surren in der Luft überhört. Instinktiv zieht er den Kopf ein und fährt herum. Der Teufel persönlich segelt heran, auf riesigen schwarzen Schwingen. Fast drei Meter weit ausgespannte Flügel tragen den massigen Körper, die gefährlichen Fänge sind tückisch im Gefieder verborgen, der Kopf gehört eindeutig einem Räuber. Xaver sieht den mächtigen Hakenschnabel, den struppigen schwarzen Bart. Das gelbe Auge ist blutrot umrandet, das Brustgefieder rostbraun. Bevor der Hirtenbub wieder klar denken kann, ist der mächtige Greif schon über ihn hinweggezogen und verschwindet in den Nebelschwaden, die vom Kienjoch hinab ins Tal sinken.

VORHERGEHENDE DOPPELSEITE: Bartgeier sind Alpenbewohner. Ihr Lebensraum entstand vor 35 Millionen Jahren. Das größte innereuropäische Gebirge ist 1200 Kilometer lang und bis zu 300 Kilometer breit, Gipfel ragen bis 4800 Meter hoch auf.

Der Geier-Papst

11. März 2007. Hans Frey steht vor der Voliere Nr. 15 in der Greifvogelstation Haringsee, 30 Kilometer östlich von Wien, und betrachtet Toto voller Faszination. Er sieht keinen Teufel, kein schreckenerregendes Ungeheuer. Er sieht einen prächtigen Greif. Ohne Zweifel ist dieser 48-jährige Bartgeier ein mächtiger, ja ein majestätischer Vogel. Wunderschön anzuschauen mit seiner Farbvielfalt aus Weiß, Schwarz und Rostbraun.

 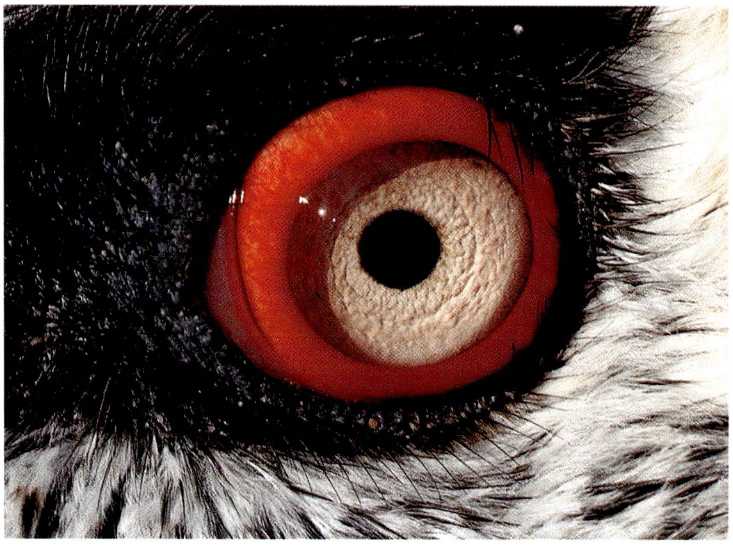

Hier wird deutlich: Bartgeier gehören zu den Greifvögeln. Ihre kräftigen Fänge sind zwar nicht zum Töten geeignet, können aber mühelos auch große Knochen tragen.

Der rote Augenring schwillt bei Erregung an und hat enorme Signalwirkung. Rot ist ohnehin die Lieblingsfarbe der Bartgeier.

RECHTE SEITE:
Gar nicht wie ein Geier, eher wie ein eleganter Adler mutet der Bartgeier an. Die aparte Erscheinung betont der Vogel noch, indem er sein weißes Brustgefieder mit Eisenoxidschlämmen rostrot einfärbt. Make-up im Vogelreich.

Der kirschrote Augenring ist jetzt nur ein schmaler Pinselstrich zwischen Pupillenweiß und Wangenschwarz. Toto ist offensichtlich entspannt, denn nur bei Aufregung tritt der sogenannte Skleralring deutlich hervor. Kein Grafiker hätte das schöner hinbekommen, und auch der Wissenschaftler Frey ist immer wieder beeindruckt, was sich durch Mutation und Selektion über ein paar Hunderttausend Jahre so alles ergeben hat.

Dr. Hans Frey lehrt an der Veterinärmedizinischen Universität Wien Zoologie, Parasitologie und Wildtierkunde und ist im Nebenberuf quasi zum Vater der Bartgeier geworden. Tatsächlich gibt es kaum jemanden, der so viel über die imposanten Greife weiß, so viel Neues herausgefunden hat und sich so konsequent für ihre Rückkehr in die Alpen eingesetzt hat. Und so vermittelt er inmitten der Volieren, zwischen Adlerbussarden, Sakerfalken, Habichtskauzen und Seeadlern vor allem eines: Kompetenz. Die grauen, fülligen Haare deuten auf die Erfahrung des Alters hin, die schlanke Statur auf ausreichend körperliche Fitness, um sich dort zu bewegen, wo seine Schützlinge leben – hoch in den Bergen. Die sanfte Stimme macht ihn auf Anhieb sympathisch. Über die Bartgeier kann er stundenlang berichten, ohne zu dozieren, ohne zu langweilen.

Bartgeier-Biologie

Schon beim Namen fängt es an. Eigentlich sieht der Bartgeier ja gar nicht aus wie ein Geier, sondern vielmehr wie ein Adler. Dies zeigen auch seine anderen Namen wie Geieradler, Goldadler oder Bartfalk. Auch der wissenschaftliche Name, *Gypaetus barbatus*, spiegelt diese Tatsache wider: Im Gattungsnamen steckt die griechische Bezeichnung *gyps* für Geier und *aetos* für Adler. Der Artname *barbatus* beschreibt den auffälligen schwarzen Bart, den übrigens beide Geschlechter tragen und dessen Funktion bis heute nicht geklärt ist. In dem riesigen Verbreitungsgebiet, das von Afrika über Südeuropa bis weit nach Asien reicht, werden nur zwei Unterarten unterschieden: der Eurasische und der Afrikanische Bartgeier. Offensichtlich gab es durch weit fliegende Bartgeier einen stetigen Genfluss auch über große Entfernungen hinweg, sodass sich keine weiteren Unterarten oder gar ähnliche Arten entwickelten. Nicht nur was Breiten- und

Längengrade und die damit einhergehenden unterschiedlichen Lebensbedingungen angeht, ist die Flexibilität der Bartgeier erstaunlich. So kommen die großen Greife in den äthiopischen Wüsten in nur 300 Meter Höhe genauso vor wie in den Gletscherregionen des Himalaja auf über 7000 Meter.

Alpenschneehühner, hier im Übergangskleid, leben auch in den Tundren von Skandinavien und Sibirien. In den Alpen kommen sie ab 1800 Meter Höhe vor.

LINKE SEITE:
Nur echte Spezialisten teilen sich den Extremlebensraum Hochgebirge mit dem Bartgeier. Während Murmeltiere sich aber im Bau verkriechen können, sind Bartgeier ganzjährig unterwegs. Bei Hitze und Schneesturm.

Der Bartgeier ist ein fliegender Spezialist. Er ernährt sich bis zu 90 Prozent von Knochen, nur die Jungtiere brauchen mehr fleischliche Nahrung. Knochen sind ein Nahrungskraftpaket mit viel Mineralstoffen, Fett und Eiweiß, aber – im wahrsten Wortsinn – schwer zu knacken. Doch dafür ist der Bartgeier bestens gerüstet. Quasi als fliegender Klempner trägt er seinen Werkzeugkasten zum Zerlegen großer Beutetiere mit sich herum. Die besondere Schnabelkonstruktion kann als Ahle, Haken, Messer und Kombizange eingesetzt werden. Während die kräftigen Fänge das Werkstück wie in einem Schraubstock halten, können Sehnen gekappt, Gelenke getrennt, Haut und Haare abgerissen werden. Knochen, lang wie ein menschlicher Oberarm, verschluckt der Geier mit einigen Halsverrenkungen im Ganzen. Eine dehnbare und verstärkte Speiseröhre macht dies möglich.

Der eigentliche Recyclingprozess der Knochenabfallnahrung beginnt im stark säurehaltigen Magen. Und was von der Größe her nicht passt, wird passend gemacht. Mit größeren Knochenteilen steigt der Bartgeier in die Luft und lässt sie auf Felsplatten hinunterdonnern. Dazu bedient er sich regelrechter Knochenschmieden – Steinplateaus, auf denen Knochen splittern, ohne in Spalten oder Schluchten zu verschwinden. Dieses Verhalten ist zwar grundsätzlich angeboren, muss aber in einem erstaunlich kurzen Lernprozess perfektioniert werden. So hat man schon junge Bartgeier beobachtet, die Tierfelle aus der Luft haben fallen lassen, wohl in der Hoffnung, dass auch sie in Stücke brechen.

Doch schon nach wenigen Wochen des Ausprobierens und Übens reifen Bartgeier zu perfekten Knochenbrechern heran. Dann können die Vögel Knochengewicht, Fallhöhe und Abdrift durch Wind richtig einschätzen. Mitunter helfen sie auch mit einem rasanten Sturzflug nach, um den Aufprall etwas heftiger zu gestalten. Im Spanischen wurde dieses ungewöhnliche Verhalten sogar namensgebend für den großen Greif: *quebrantahuesos* heißt er dort – »der die Knochen bricht«. Ganz nach Art der Geier ist der Bartgeier also ein echter Aasfresser, ein fliegendes Reinigungskommando, ein Abfallverwerter, ein Recyclingspezialist und kein Jäger lebender Beute.

Noch heute wundert sich Hans Frey, wie ein Tier so falsch eingeschätzt werden konnte. »Der Name Lämmergeier, der für den Bartgeier ebenfalls sehr weit verbreitet war und in Afrika noch heute verwendet wird, ist ein Ausdruck dessen, wie wenig man über diese Tiere wusste. Er suggeriert, dass Bartgeier Lämmer schlagen. Ein echtes Märchen. Auch in Tausenden von Beobachtungsstunden konnte dies nirgends nachgewiesen werden. Aber wenn der Bartgeier ein totes Tier davonträgt, weiß man natürlich nicht, woran dieses Tier gestorben ist, und man kann seinen Tod leicht dem fliegenden Riesen anhängen.«

Und das geschah nicht nur bei toten Lämmern. Auch Kinder, so der Volksglaube, kann der Bartgeier davontragen. Damit hatte man einen idealen Sündenbock für manch tragischen Unfall oder gar heimtückischen Kindsmord, etwa wenn es einen Seitensprung zu vertuschen oder ein lästiges hungriges Mäulchen zu beseitigen galt. In der Abgeschiedenheit der Berge waren Zeugen, die es besser wussten, selten. »Dass man den Bartgeier verteufelte und ihm folglich nachstellte, hat ganz entscheidend dazu beigetragen, dass er im Alpenraum ausgerottet wurde«, erläutert Hans Frey. »Für mich bleibt aber immer noch ungeklärt, warum die Ammenmärchen ausgerechnet im europäischen Alpenraum so ausgeprägt waren, man in Afrika, im Nahen Osten oder in den Pyrenäen die Bartgeier aber unbehelligt ließ.«

Mit seiner Spezialisierung auf Knochen hat sich der Bartgeier eine besondere Nahrungsnische erobert und kann sich an der Tafel der toten Tiere gelassen hinten anstellen. Wenn Gänsegeier, Mönchsgeier, Schmutzgeier, Steinadler und natürlich Kolkraben sich ums Aas zanken, verspürt der Bartgeier keine Eile. »Seine« Knochen werden übrig bleiben. Reich gedeckt ist aber auch der Tisch eines Knochenbrechers nicht. Vier Fünftel der Tagesaktivität dienen der Futtersuche, und die meiste Zeit streifen Bartgeier im Suchflug über Gipfel, Matten, Geröllfelder und Täler. Kleinste Veränderungen in ihren riesigen Streifgebieten werden sofort registriert, tote Tiere schnell gefunden. Aus der Notwendigkeit der Nahrungssuche ergibt sich auch die ausgesprochene Neugier der Tiere, die dazu führt, dass sie schon mal nur in zwanzig Meter Höhe über die Köpfe erschrockener Bergwanderer hinwegsegeln.

Schnelles Ende

18. Mai 1855. Der Wildschütz braucht jetzt nur noch Geduld. Bereits am Vorabend war er von Berchtesgaden aus aufgestiegen, nach einer kurzen, kalten Nacht in einer der zahlreichen Jagdhütten hat er die Reste des mitgeschleppten Rehkadavers auf den kahlen Matten eines einsamen Hochtals ausgelegt. Eine Felsgruppe, nur einen Steinwurf vom Reh entfernt, bietet ihm ausreichend Deckung. Sein grüner Leinenrucksack liegt auf einem bemoosten Steinquader, und darauf ruht seine Flinte. Ein Baumstumpf dient ihm als Hocker, er sitzt bequem. Das ist auch gut so, denn mitunter kann sich der Ansitz über Stunden hinziehen.

Wer wie der Bartgeier von Resten lebt, die andere übrig lassen, der muss in den Alpen große Gebiete absuchen. Beim Segeln helfen die gewaltigen Flügel mit einer Spannweite bis zu 2,80 Metern.

Doch die Beute, auf die er es abgesehen hat, ist die Mühe wert. Denn die mächtigen Geier sind selten geworden in den letzten Jahren, und selten heißt bei Trophäen immer auch wertvoll. Eigentlich war es ja ein großer Erfolg seiner Zunft, dass es gelang, diesen fliegenden Schafsdieben den Garaus zu machen. Vor knapp 20 Jahren hatten ehrbare Jäger und wehrhafte Bauern bereits den letzten deutschen Bären gestreckt, und auch dem Wolfspack ging es mittlerweile gehörig an den Kragen.

Jetzt waren die Lämmergeier dran. Wenn ihm das Jagdglück hold wäre, würde er noch heute Abend eine stolze Trophäe nach Hause tragen. In Gedanken beginnt er auszurechnen, wie viele Taler die Sammler ihm bieten würden. Die morgendliche Frühlingssonne gewinnt inzwischen rasch an Leuchtkraft und Wärme. Erste Aufwinde locken die Herrscher der Lüfte aus ihrem Horst.

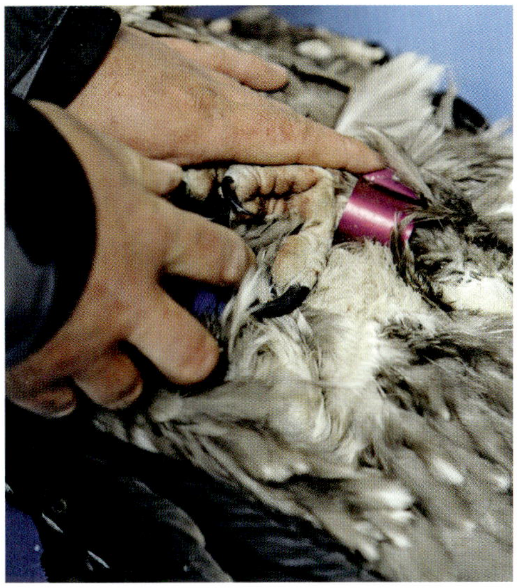

Seit 30 Jahren widmet Hans Frey all seine Kraft der Rückkehr der Bartgeier. Überzeugungsarbeit und Übermittlung von Fachkenntnissen sind dabei wichtige Aufgaben.

Vor der Freilassung wird jedes Tier mit einer individuellen Farbmarkierung beringt, damit man es jederzeit identifizieren kann.

Der einsame Geier ist hungrig, als er über den Grat zieht und den Rehkadaver erspäht. Er verzichtet auf Kreisflüge und hält direkt auf die lang ersehnte Nahrung zu. Er erreicht sie nie. Ein lauter Knall und pfeifende Schrotkörner verkünden sein schnelles Ende. In einer Federwolke stürzt der große Geier zu Boden und schlägt hart auf den Fels. Das Schicksal des letzten deutschen Bartgeiers ist besiegelt.

30 Jahre später gibt es keinen einzigen brütenden Geier mehr im Berg- und Bartgeierland Schweiz. Bald danach folgen Österreich, Italien und Slowenien. Zu Beginn des 20. Jahrhunderts ist der gesamte Alpenraum von Genua bis Wien über eine Ausdehnung von 1200 Kilometern in Ost-West- und 150 Kilometern in Nord-Süd-Richtung frei von Bartgeiern. Eine beeindruckende Tierart, die über Jahrtausende hinweg in den Alpen gelebt hat, ist ausgerottet.

Der Bilderschänder, der einen Rembrandt mit Säure übergießt, weiß, dass er ein unermesslich kostbares Kunstwerk zerstört, der Berchtesgadener Schütze indes war sich keines Frevels bewusst. Nie hätte er sich vorstellen können, dass eineinhalb Jahrhunderte später mit Millionenaufwand ausgerechnet die Art zurückgebracht werden sollte, deren Ausrottung er so leicht und um den Preis einer Schrotpatrone vollendet hat. Auch wenn es ihm nicht bewusst war – er hatte mit dem Abschuss des letzten Bartgeiers in Deutschland ein Kunstwerk zerstört.

Jagd und Vergiftung versetzten den Geiern im gesamten Alpenraum den Todesstoß. Schlecht ging es ihnen aber schon vor dem schnellen Showdown. Im 19. Jahrhundert hatte der Mensch die Wildtierbestände extrem dezimiert. Auch Gämse, Steinbock, Hirsch, Reh, Hase und Murmeltier – allesamt typisches Fallwild im Geierland – waren längst überbejagt und nur noch in Restbeständen vorhanden. Und schließlich verschwanden auch die Weidetiere des Menschen – Schafe, Ziegen und Rinder – zunehmend aus den Bergen. Über Jahrhunderte hinweg hatten sie durch Nachgeburten oder weil manche unter den rauen Gebirgsbedingungen nicht überlebten, für eine reiche Tafel der Aasfresser gesorgt. Mit der Intensivierung der Landwirtschaft im Flachland versiegte auch diese Nahrungsquelle. »Machet Euch die Erde untertan und herrscht … über die Vögel des Himmels« – hieß das auch: Rottet aus, was zur Schöpfung gehört?

Die Aufzuchtstation für Bartgeier, das Richard-Faust-Zentrum, vor den Toren Wiens. Die Volieren sind einfach gestaltet, doch der Zuchterfolg liegt über dem der meisten Zoos.

Hier werden nicht nur Bartgeier gezüchtet, sondern auch zahlreiche verletzte Wildvögel gesund gepflegt und auf die Rückkehr in die Natur vorbereitet.

Die Bartgeier sind schon zur Wiederansiedlung im Wagen verstaut. Jetzt müssen noch ausreichend tote Futtertiere eingeladen werden.

Seinen Namen verdankt der Bartgeier den Federn am Ansatz seines starken Hakenschnabels, die in der Tat wie ein Bart herunterhängen.

Auferstehung

18. November 1978. In der Villa in Morges am Genfer See herrscht babylonisches Sprachgewirr. Französisch, Englisch, Deutsch, Italienisch klingen durcheinander. Mehr als drei Dutzend Vertreter von Naturschutzorganisationen, Greifvogelexperten, Angestellte von Nationalparks, Wissenschaftler und Zoo-Fachleute drängen sich auf den engen Fluren. Eigentlich nicht ungewöhnlich für dieses Haus, das sich der noch junge WWF und die bereits seit 30 Jahren bestehende internationale Naturschutzorganisation IUCN in Bürogemeinschaft teilen. Außergewöhnlich und noch nie da gewesen ist jedoch das Anliegen für diesen und den nächsten Tag: ein großes gemeinsames, länderübergreifendes und auf viele Jahre ausgelegtes Wiederansiedlungsprojekt für die Bartgeier soll aus der Taufe gehoben werden.

Der Irrtum mit den Lämmerräubern war geklärt, durch den immensen Naturverlust bekamen Bewahrer und Retter zunehmend Oberwasser. Die Ölkrise fünf Jahre zuvor hatte die Abhängigkeit der Industriestaaten von fossilen Brennstoffen und die Endlichkeit der Ressourcen schmerzhaft ins Bewusstsein gerückt. Die Stimmen, die zur Umkehr und Wiedergutmachung mahnten, wurden lauter. Zwei Gruppen arbeiteten bereits an der Rückkehr der großen Greife. So versuchte man seit Jahren, in Asien gefangene Vögel in den Alpen heimisch werden zu lassen. Doch die Verluste bei Fang, Transport und Haltung in den Eingewöhnungsvolieren waren ziemlich hoch, und einzeln ausgewilderte Tiere verstreuten sich nach ihrer Freilassung bald in alle Himmelsrichtungen.

Einen anderen Weg hatten Winfried Walter vom WWF Österreich und Hans Frey in der Greifvogelstation Haringsee bei Wien eingeschlagen. Sie setzten auf Nachzucht. Erste Bruterfolge im Alpenzoo Innsbruck hatten die Biologin Ellen Thaler veranlasst, das Reproduktionsverhalten des Bartgeiers zu erforschen. Gestützt auf dieses Fachwissen hatten Walter und Frey 1976 mit der systematischen Zucht der Bartgeier begonnen. In nur einem Jahr gelang es ihnen mit Hilfe von Hans Psenner, dem Direktor des Alpenzoos Innsbruck, 17 Zoos in ein gemeinsames Zuchtprogramm zu integrieren und die Unterstützung der internationalen Naturschutzorganisationen WWF und IUCN zu erhalten. Als auch die ZGF Unterstützung zusicherte, hatte die chronische Finanznot der beiden Bartgeierenthusiasten ein Ende.

Richard Faust, Direktor des Frankfurter Zoos und rechte Hand von Bernhard Grzimek, nahm sich dieses Projekts an. Als ehemaliger Vogelkurator erkannte er schnell die Qualitäten von Hans Frey und die Perspek-

tiven, die sich ergeben, wenn man bedrohte Vögel mit viel Fingerspitzengefühl erfolgreich zum Brüten bringt. Ebenso schnell war ihm klar, dass Freys Abneigung gegen Budgets, Abrechnungen und Belege genauso groß war wie sein Enthusiasmus und Engagement für die gefiederte Zunft. In dem Team Walter/Frey sah er die Chance, Naturschutz mit den hohen buchhalterischen Anforderungen einer Spendenorganisation zu verbinden.

Bei dem Treffen am Genfer See wurde der Rahmen für das große Bartgeier-Wiederansiedlungsprojekt abgesteckt: Es sollten nur noch Tiere aus der Zucht angesiedelt werden, die Aussetzungsorte durften natürlich nur im ehemaligen Verbreitungsgebiet liegen und sollten so gewählt sein, dass der Alpenbogen möglichst rasch wieder besiedelt wird. Dies bedeutete, dass etwa 300 Kilometer zwischen den Aussetzungsorten liegen sollten – was der normalen Flugdistanz abwandernder Bartgeier entspricht. Langfristig muss sich eine sich selbst erhaltende natürliche Population etablieren können, die ohne Hilfe von außen dauerhaft lebensfähig ist. Da damals die breite Bevölkerung in den Alpen Bartgeier immer noch ablehnte, war zudem eine groß angelegte Aufklärungs- und Öffentlichkeitskampagne nötig. Die Menschen sollten sich wieder mit dem Bartgeier anfreunden und ihn als feste Größe der Alpenfauna schätzen lernen.

Man verließ den Kurort am Genfer See mit dem guten Gefühl, etwas Großes auf den Weg gebracht zu haben. Und doch war wohl kaum einem Teilnehmer die tatsächliche Dimension dieses Projekts klar. Diese lässt sich erst im Rückblick erkennen. Mit den formulierten Grundsätzen hatte man Prinzipien vorweggenommen, die fast 20 Jahre später von der IUCN als Grundregeln für alle Wiederansiedlungsprojekte weltweit festgelegt wurden und bis heute Bestand haben.

35 Zoos und Zuchtzentren beteiligten sich über Jahrzehnte an dem Projekt, knapp 300 Bartgeier wurden gezüchtet und 150 davon wieder angesiedelt. Allein die ZGF investierte eine Million Euro, die Gesamtkosten liegen bis heute bei einem Vielfachen und können gar nicht mehr beziffert werden, weil Hunderte von Mitarbeitern und Helfern beteiligt sind. Über fünf Länder erstreckt sich das Projektgebiet mit einer Fläche von über 100 000 Quadratkilometern, mehrere Tausend Beobachter sichern die Überwachung der Bestände. Naturschutzorganisationen, Stiftungen, Behörden, Universitäten, Nationalparks und Zoos kooperieren bis heute in einem einzigartigen Netzwerk. Damit ging das Bartgeier-Wiederansiedlungsprojekt als eines der größten, sorgfältigsten, längsten und erfolgreichsten Wiederansiedlungsprojekte in die Geschichte des Naturschutzes ein.

Muren, Lawinen, Steinschlag, glitschige Felswände, Tiefschnee, eisige Temperaturen – alles, was anderen Tieren den Tod bringt, ist die Grundlage für das Überleben der Bartgeier. Als Resteverwerter nehmen Geier eine wichtige Rolle im Stoffkreislauf der Natur ein.

Werden junge Bartgeier wiederangesiedelt, steht erst einmal ein mühsamer Aufstieg bevor. Die noch nicht flugfähigen Jungtiere werden in Kisten transportiert.

Ein letztes Mal in Menschenhand. Ab jetzt wird der Kontakt möglichst rasch abgebrochen.

In den vorbereiteten Horsten erfolgt die Prägung der Jungvögel auf ihre Umgebung. Das Horstgeschwister übernimmt wichtige Sozialfunktionen.

FOLGENDE DOPPELSEITE:
In den Alpen gibt es eine Verzahnung von extensiv genutzten Kulturlandschaften und echter Wildnis. Neben den großen Greifvögeln könnten hier auch Bär, Luchs und Wolf wieder leben, wenn wir sie lassen.

Von Geiern lernen

Das Baden in Eisenoxidschlämmen gehört zu den sonderbaren Verhaltensweisen der Bartgeier. Gefärbtes Brustgefieder steigert offensichtlich die Attraktivität.

Erst im Alter von sechs bis acht Jahren werden Bartgeier geschlechtsreif. Dann ziehen sie ein Junges pro Jahr auf, doch viele Jungtiere sterben durch Witterungseinflüsse oder Krankheiten.

RECHTE SEITE:
Bartgeier brüten im ausgehenden Winter. Dann ist der Tisch reicher mit verendeten Tieren gedeckt. Für die Jungen bedeutet das allerdings, dass sie im rauen Winter- und Frühlingsklima heranwachsen.

11. März 2007. Vor Totos Voliere fasst Hans Frey in wenigen Worten die über Jahrzehnte hinweg gewonnenen Erkenntnisse über Greifvögel zusammen. Da man der Paarbildung größte Bedeutung beimaß und durch das internationale Netzwerk Zugriff auf eine Vielzahl von Vögeln hatte, entstand eine internationale Zusammenarbeit, bei der Tiere über Ländergrenzen und Institutionen hinweg getauscht und zu neuen Paaren zusammengeführt wurden. Die Zuchten wurden immer erfolgreicher, wobei Haringsee, später in Richard-Faust-Zentrum umbenannt, eine wichtige Rolle als Zuchtzentrale erlangte. Hier wurden rund 150 Bartgeier aufgenommen. Sorgfältiger Umgang und Erfahrung mit den Tieren sowie störungsfreie Brutverhältnisse waren ausschlaggebend für die guten Ergebnisse.

Doch die Zucht war nur der erste Schritt. Irgendwann sollten die Vögel ja ausgesetzt werden, und auch dabei entpuppte sich Hans Frey als echter Trendsetter. »In älteren Büchern über die Abrichtung von Greifvögeln hatte ich über die Methode des *hacking* gelesen. Dabei werden junge Greife, bevor sie flügge werden, in Kisten als Horstersatz ins Gelände gebracht, um die Bindung an ihren Lebensraum zu bekommen«, berichtet Frey, während der auf Menschen geprägte Toto unmissverständlich versucht, ihn als Brutpartner in sein Nest zu locken. »Wir haben die Methode an zahlreichen Schwarzmilanen aus unserer Station getestet und sie schließlich modifiziert, indem wir die Jungtiere zusammen vor dem Ausfliegen direkt in naturgetreue Horstnachbildungen einsetzten. Die ›Horste‹ in den Felswänden werden überwacht, Nahrung wird, möglichst ohne Kontakt zu den Tieren, von oben eingeworfen, Sozialfunktionen übernimmt das andere Jungtier im Horst, und die wichtige Bindung an den Lebensraum erfolgt, wie unter natürlichen Bedingungen, in der richtigen Entwicklungsphase. Für den Laien hört sich das alles nach unbedeutenden Details an, doch bestimmen Brut, Aufzucht und die Art des Aussetzens, ob die Tiere sich später natürlich verhalten, das heißt, nach Phasen des Umherziehens wieder zurückkehren, Paare bilden und Junge unter den schwierigen Bedingungen im Hochgebirge aufziehen können.«

Naturgewalten wie Gletscher formten die Alpen über viele hunderttausend Jahre hinweg. Hier existieren noch letzte Wildnisgebiete in Europa. Wir sollten sie als Naturschätze bewahren und ihren Bewohnern ein Lebensrecht gewähren.

Während Frey spricht, wird Toto immer aufgeregter. Sein roter Augenring verbreitert sich und leuchtet feuerrot. Damit liefert er Frey das Stichwort für eine unglaubliche Geschichte.

»Jahrelang haben sich die Greifvogelexperten gefragt, warum wilde Bartgeier ein rostrotes Brustgefieder haben, Tiere in den Haltungen aber schlohweiß sind. Präsident, ein flugunfähiger Bartgeier, führte uns in den 80er Jahren zur Lösung des Rätsels. Bei einem Freigang auf der Station stolzierte er zu einem rotblättrigen Perückenstrauch und rieb sich an dessen Blättern. Ein ähnliches Verhalten zeigte er auch bei nassem Rasen. Feucht und Rot waren also offenbar die Auslöser für das eigenartige Verhalten. Auf der Suche nach rotem Schlamm in der freien Natur stieß man auf Eisenoxidschlämme – und tatsächlich sind dies die Schminkplätze der frei fliegenden Bartgeier. Bartgeier stehen einfach auf Rot, und diese seltenen Stellen zu kennen und so fit zu sein, sie auch immer wieder anfliegen zu können – das zählt offensichtlich viel an der Partnerbörse der Bartgeier. Und es ist auch biologisch sinnvoll: Ein kräftiger und gesunder Partner wird auch ebensolche Gene in sich tragen.«

Grandiose Rückkehr

11. Juli 1997. Hoch im Massif de Bargy in den französischen Alpen, in einem komfortablen Horst mit mehr als zwei Quadratmetern, der unter Felsbögen in eine gewaltige Kalksteinwand eingebettet ist, vollzieht sich Geschichte im Rückwärtsgang. Phönix heißt der junge zerzauste schwarzgraubraune Hoffnungsträger, der ab und zu die riesigen Flügel auseinanderfaltet und Trockenübungen macht. Diese Schwingen werden ihn bald mühelos über mehrere Tausend Meter hohe Berge tragen und Täler im Nu durchstreifen lassen, werden ihn in den Thermikstrudeln wie in einem Lift ganz ohne Schlag in die Höhe heben oder, wenn es sein muss, angewinkelt in ein fliegendes Geschoss verwandeln. Assignat, das Schweizer Weibchen aus dem Zoo La Garenne, und Balthazar, der mit seinen neun Jahren noch junge Vater aus dem Wassenaar Wildlife Breeding Centre, werden ihm noch weiterhin Futter zutragen und ihn beschützen, bis er sich selbst aufmacht in die Weite der Bergwelt. Eine Heerschar von Biologen, Naturschützern und freiwilligen Beobachtern wird ihn dabei, meist aus großer Entfernung, im Blick behalten.

Als Assignat vor fast einem halben Jahr ein rund 240 Gramm schweres Bartgeierei in diesen Horst legte, war das für alle Bartgeierschützer ein gewaltiger Meilenstein. Und Meilensteine liegen bei Wiederansiedlungsprojekten oft Jahrzehnte auseinander. 1978 hatte man das gemeinsame Projekt beschlossen, acht Jahre später wurden die ersten Tiere in Österreich angesiedelt. Weitere neun Jahre dauerte es, bis endlich ein winziger Phönix mit seinem Eizahn die hellbraune Schale durchbrach und damit als erster frei geschlüpfter Bartgeier in den Alpen seit über hundert Jahren Furore machte. Noch einmal zehn Jahre verstrichen, bis Phönix selbst Vater wurde und die Zahl der im Freiland ausgebrüteten Tiere die der ausgesetzten Tiere sogar übertraf. Die Population war selbstständig lebensfähig. Die Bartgeier sind zurück.

Fragen an

Dr. Klaus Robin, Fachstelle für Wildtier- und Landschaftsmanagement an der Hochschule Wädenswil, Autor von *Der Bartgeier*

Mit dem Bartgeierprojekt hat man mit immensem Aufwand eine Art in die Alpen zurückgebracht, die in Teilen Europas, Afrikas und Asiens gar nicht so selten war. Hätten die Tiere die Alpen nicht auch ohne Zutun des Menschen wieder besiedelt?

Das lässt sich nicht mit Sicherheit voraussagen. Einzelne Bartgeier sind in großen zeitlichen Abständen immer mal wieder im Alpenraum aufgetaucht. Dass sich aus diesen Einzelvögeln ein Bestand hätte bilden können, ist zwar nicht ausgeschlossen, aber wenig wahrscheinlich. Mit dem Ziel, ein alpenweites Vorkommen zu gründen, das sich selbst erhält und das mit den räumlich nächsten Beständen auf Korsika und in den Pyrenäen in Verbindung steht, war es deshalb erforderlich, ein Wiederansiedlungsprojekt zu planen und umzusetzen. Dazu gehörten der Aufbau eines Zuchtstocks unter Mitwirkung zahlreicher Zoos und Tierparks, die Evaluation günstiger Wiederansiedlungshabitate, die Entwicklung zielführender Ansiedlungsmethoden und der Einsatz geeigneter Methoden zur Überwachung.

Warum braucht man Bartgeier in den Alpen? Was für Auswirkungen hatte das Projekt auf den Schutz von Lebensräumen oder das Naturverständnis der Menschen?

Der Bartgeier hat in der Nahrungskette die Funktion, die Knochen toter Tiere zu verwerten, eine Ressource, die nur wenige andere Tierarten nutzen können. Es ist deshalb aus ökologischer Sicht sinnvoll, diesen Knochenfresser, der über Tausende von Jahren Teil des alpinen Ökosystems war, wieder zurückzubringen. Darüber hinaus ist der Bartgeier eine typische Flaggschiff-Art, ein prachtvoller und imposanter Vogel, der stellvertretend für viele weniger spektakuläre Arten der alpinen und subalpinen Zone auf die Verletzlichkeit der Bergnatur aufmerksam macht und zum sorgsameren Umgang mit dieser Landschaft und ihrer Lebewelt mahnt.

Muss man sich um aussterbende Arten keine Sorgen mehr machen, solange man noch ein paar Tiere in Zoos hält und dann die Art einfach wieder ansiedeln kann?

Zoologische Gärten können mithelfen, einzelne Arten über besonders kritische Phasen in ihrer Bestandsentwicklung hinwegzuretten. Der Erfolg solcher Rettungsaktionen hängt selbst bei größtmöglicher Sorgfalt oft von Zufällen ab. Dass z. B. die Biologin Ellen Thaler und der Veterinär Hans Frey gerade zum richtigen Zeitpunkt anfingen, sich mit dem Sozial- und Fortpflanzungsverhalten des Bartgeiers zu befassen, und damit die Basis für eine erfolgreiche Zucht in Menschenobhut schufen, war so ein glücklicher Zufall. Auch dass sich die freigesetzten Bartgeier in der Natur zurechtgefunden haben, hatte man zwar erhofft, vielleicht sogar erwartet, aber niemand wusste, ob es klappt. Also ja, um aussterbende Arten muss man sich sehr große Sorgen machen, denn sie sind meist das Resultat menschlicher Unvernunft im Umgang mit einzelnen Arten und ganzen Ökosystemen. Dieser Unvernunft fallen fortlaufend zahlreiche Arten zum Opfer, unter ihnen viele, die nie in einem Zoo gelebt haben. Die Sicherung einer Art in all ihren komplexen Funktionen im Ökosystem kann deshalb letztlich nur über den Schutz des Lebensraums erfolgreich sein. Zoos können Zeitbrücken bilden, um eine beschränkte Anzahl von Arten hinüberzutragen in eine bessere Zeit, aber den Schutz des Lebensraums können sie nicht ersetzen.

LIEBEROSE | DEUTSCHLAND
DER WILDE OSTEN DEUTSCHLANDS

06

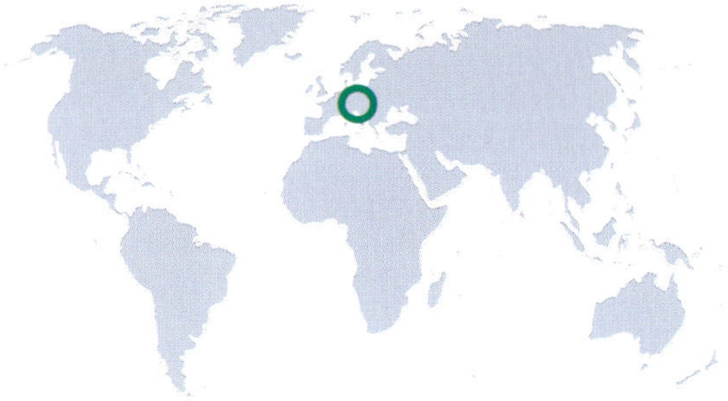

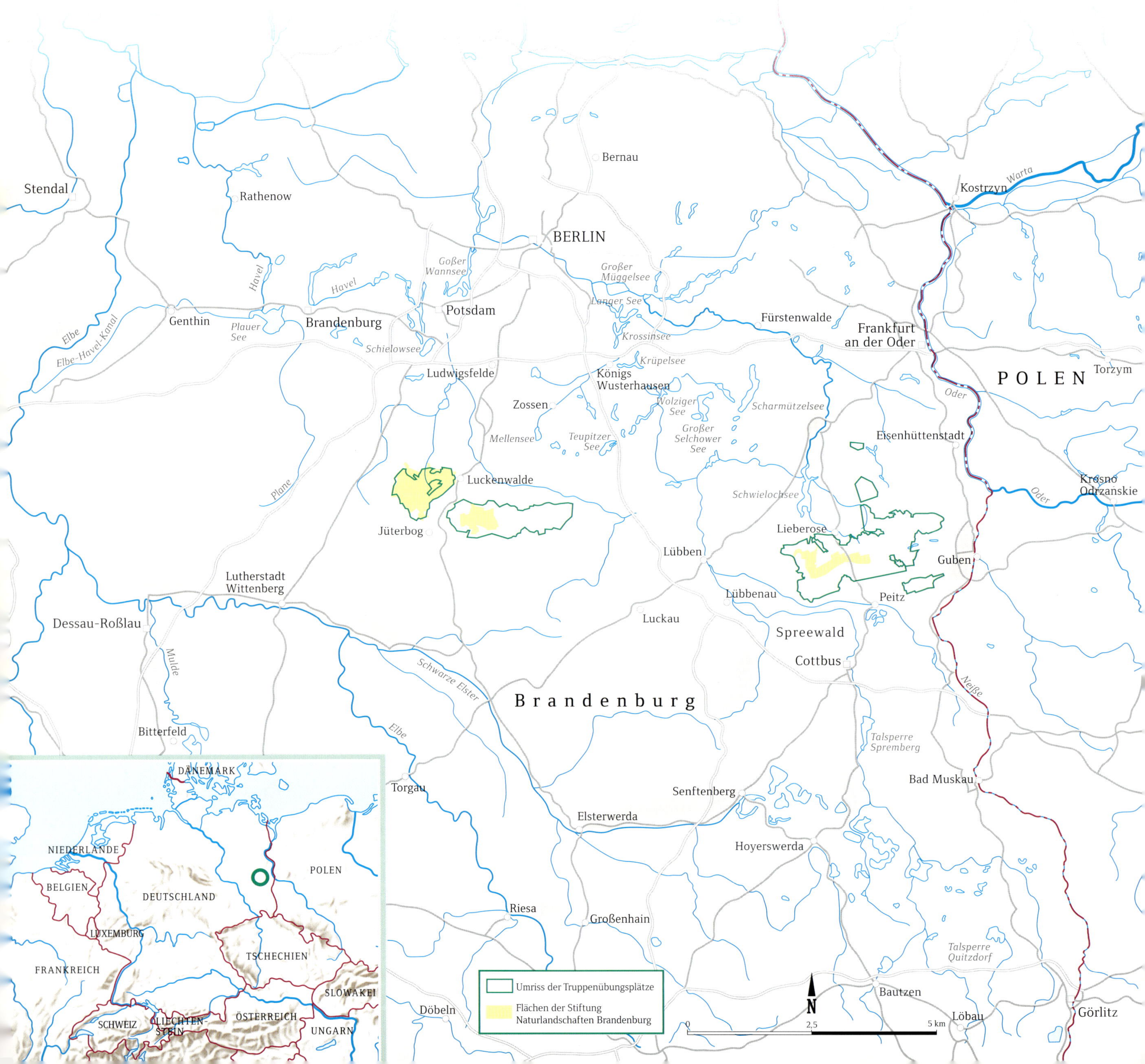
Stendal
Rathenow
Bernau
BERLIN
Kostrzyn
Warta
Havel
Großer Wannsee
Großer Müggelsee
Elbe
Elbe-Havel-Kanal
Genthin
Plauer See
Brandenburg
Potsdam
Langer See
Fürstenwalde
Frankfurt an der Oder
Schielowsee
Krossinsee
Ludwigsfelde
Krüpelsee
Königs Wusterhausen
POLEN
Torzym
Oder
Zossen
Wolziger See
Scharmützelsee
Mellensee
Teupitzer See
Großer Selchower See
Eisenhüttenstadt
Luckenwalde
Plane
Schwielochsee
Krosno Odrzanskie
Jüterbog
Lieberose
Lübben
Guben
Lutherstadt Wittenberg
Lübbenau
Peitz
Dessau-Roßlau
Luckau
Spreewald
Mulde
Cottbus
Schwarze Elster
Neiße
Brandenburg
Bitterfeld
Talsperre Spremberg
DÄNEMARK
Torgau
Bad Muskau
Senftenberg
NIEDERLANDE
Elsterwerda
Hoyerswerda
POLEN
BELGIEN
DEUTSCHLAND
Riesa
Großenhain
LUXEMBURG
TSCHECHIEN
FRANKREICH
Talsperre Quitzdorf
Umriss der Truppenübungsplätze
Flächen der Stiftung Naturlandschaften Brandenburg
N
SLOWAKEI
Bautzen
Döbeln
0
2,5
5 km
Görlitz
SCHWEIZ
LIECHTEN-STEIN
ÖSTERREICH
Löbau
UNGARN

Und ewig bleibt die Natur, solange wir sie nicht sinnlos zerstören.

BERNHARD GRZIMEK, 1959

Der wilde Osten Deutschlands

Wahre Wildnisgebiete sind rar in Deutschland. Nur an wenigen Orten darf sich die Natur nach ihren eigenen Gesetzen entwickeln, da der klassische Naturschutz meist vorsieht, Naturgebiete so zu erhalten, wie sind jetzt gerade sind.

Langsam kriecht die Feuchtigkeit an den Hosenbeinen empor. Die Wanderschuhe sind außen bereits tropfnass, und über die Socken dringt die Nässe unaufhaltsam ins Schuhinnere vor. Egal, denkt sich Hubertus Meckelmann, während er durch das feuchte Gras stapft. Der charakteristische Duft von Laub und Waldboden, das virtuose Konzert unzähliger Vögel und das sanfte Licht der langsam über der weiten Heidelandschaft aufziehenden Morgendämmerung entschädigen reichlich für die nassen Füße. Der Forstwirt und passionierte Jäger ist gern zu dieser frühen Stunde in der Natur unterwegs, wenn die Geräusche der Nacht verebben, der Tau in den Spinnweben glitzert und die Sonne den Frühnebel über dem See langsam dahinschmelzen lässt.

Seit Ende der 70er Jahre lebt und arbeitet Hubertus Meckelmann in Potsdam und kümmert sich von Amts wegen um den Schutz der Natur in Brandenburg. Dass er eines Tages im Morgengrauen mit dem Fernglas durch die friedliche Stille der Lieberoser Heide ziehen und sich Gedanken über die Zukunft dieses für Deutschland einzigartigen Wildnisgebietes machen würde, hätte der Mittfünfziger vor gut zwanzig Jahren kaum zu denken gewagt. Damals, zu DDR-Zeiten, war die Lieberoser Heide für den jungen Forstbeamten gesperrt – kein Refugium für Naturliebhaber, kein Ausflugsort für Vogelbeobachter, kein Studiengebiet für Ökologen und schon gar kein Nationalpark. Einzig und allein »Spielwiese« für das Militär.

Die Lieberoser Heide war ein Truppenübungsplatz etwa 100 Kilometer südöstlich von Berlin, rund 27 000 Hektar groß. Seit rund zehn Jahren hat auf mehreren Tausend Hektar die Natur das Kommando übernommen. Gut 500 Hektar sind sogenannte Wüste – kilometerweite Sandflächen mit Wanderdünen und extrem karger Vegetation, die einen eher an die Sahara denken lassen als an Brandenburg.

Lieberose war der größte von 38 Militärübungsplätzen der Nationalen Volksarmee beziehungsweise der russischen Truppen in Brandenburg. Entstanden war er bereits 1942 nach einem außer Kontrolle geratenen Waldarbeiterfeuer, bei dem gut 1700 Hektar Wald verbrannten. Diese Kahlfläche machte sich die Waffen-SS für die Gründung des Truppenübungsplatzes Kurmark zunutze, für den die Bewohner von 16 Gemeinden kurzerhand umgesiedelt werden sollten. Unmittelbar nach Kriegsende übernahm das russische Militär das Areal und begann mit dem Ausbau zum Truppenübungsplatz. Ausschließlich der Militärforstbetrieb durfte die Flächen bewirtschaften. Bis 1992 wurde Lieberose von der Sowjetarmee für Manöver und Trainingszwecke genutzt, in Spitzenzeiten tummelten sich dort bis zu 50 000 Mann. Dann war Schluss. Mit dem Ende der DDR war auch das Ende der Truppenübungsplätze gekommen.

In Deutschland gibt es eine Reihe von nicht mehr genutzten Truppenübungsplätzen, wie hier in Brandenburg. Sie bieten eine große Chance für die Entwicklung von Naturräumen.

FOLGENDE DOPPELSEITE:
Der ehemalige Truppenübungsplatz Lieberose beherbergt eine ungeahnte Vielfalt an Lebensräumen. Neben den offenen Sandflächen finden sich, in den Wäldern verborgen, auch kleine Tümpel und Seen.

VORHERGEHENDE DOPPELSEITE:
Aus der Luft ist gut zu erkennen, wie die offenen Flächen des ehemaligen Truppenübungsplatzes langsam von der Vegetation erobert werden.

Der Munitionsschrott von Jahrzehnten militärischer Nutzung liegt überall im Unterholz und verweht unter Sanddünen. Deshalb ist es noch heute aus Sicherheitsgründen verboten, das Gebiet auf eigene Faust zu betreten.

RECHTE SEITE:
Die Natur erobert sich die Ruinen der Militärgebäude zurück.

FOLGENDE DOPPELSEITE:
Seit einigen Jahren wandern immer wieder Wölfe aus dem Osten in die Lausitz und auf die ehemaligen Truppenübungsplätze ein. Früher oder später werden sie auch Lieberose wieder in Besitz nehmen. Wolfsspuren deuten darauf hin, dass die ersten Tiere schon zu Stippvisiten da waren.

Jahrzehntelang hatten Militärfahrzeuge das Gelände durchpflügt, hatten junge Büsche und Bäumchen niedergewalzt, Munition verschossen und Raketen gezündet. Hinterlassen haben die Militärs nach ihrem Abzug zwar eine Mondlandschaft, aber auch einen Glücksfall für den Naturschutz. Im Schatten von Panzern und Kanonen hatte die Natur die Chance bekommen, ihre eigene Dynamik zu entfalten. Weder Straßen noch Siedlungen zerschnitten die Landschaft, und da die Böden nicht landwirtschaftlich genutzt wurden, sind sie noch heute sehr nährstoffarm.

Moore wurden nicht entwässert, Bäche nicht begradigt, und die Militärfahrzeuge schufen mit ihren Rädern und Ketten immer wieder Minigewässer, die nur wenige Wochen bestanden. Viele Insekten, aber auch die kleinen schwarzen Kammmolche oder die zierlichen Gelbbauchunken schafften es, sich diese kurzen Zeiträume zunutze zu machen und ihren Nachwuchs in den Reifenpfützen auf den Weg zu bringen. Bis zur nächsten Trockenperiode, dann war alles vorbei.

Das Militär geht, der Naturschutz kommt

In der Ferne bewegt sich etwas. Dunkle Gestalten, gegen die aufgehende Sonne nur schwer zu erkennen, machen sich zwischen den jungen Bäumchen und Büschen am Horizont zu schaffen. Meckelmann hebt das Fernglas an die Augen, doch der geübte Blick hat ihm längst verraten, wer da aktiv ist. Eine Wildschweinfamilie ist noch auf der Suche nach ihrem Frühstück, wird sich aber wohl bald in den nahen Wald zurückziehen. Was anderswo die Landwirte verärgern würde – hier ist es willkommen: Die Sauen dürfen nach Herzenslust wühlen.

Die Natur sich selbst zu überlassen, ohne einzugreifen – das ist die Devise, der man sich hier verschrieben hat. Und es ist ein Experiment, das in Deutschland nicht ganz einfach umzusetzen ist. Zwischen 1990 und 1994 wurden in Brandenburg rund 100 000 Hektar Truppenübungsplätze und andere Militärgebiete aus der DDR-Vergangenheit, die die Bundeswehr nicht mehr benötigte, der zivilen Nutzung übergeben. Dass dies

eine einmalige Chance sein würde, große Schutzgebiete zu gestalten, haben Meckelmann und einige andere im Naturschutz in Brandenburg aktive Leute schnell erkannt und frühzeitig versucht, die Weichen zu stellen. Heute ist Meckelmann Vorstandsvorsitzender einer Stiftung, die sich für diese karge Landschaft im Osten Deutschlands engagiert: der Stiftung Naturlandschaften Brandenburg.

Gegründet wurde diese Stiftung am 16. Mai 2000 in Potsdam. Es war das erste Mal, dass sich in Deutschland öffentliche und private Organisationen zusammenschlossen, um gemeinsam Kapital in eine Naturschutzstiftung zu geben, die dem Kauf und Unterhalt großer Flächen dienen sollte. Erklärtes Ziel der Gründer war es, auf ehemaligen Truppenübungsplätzen der Natur ihren Lauf zu lassen – und gleichzeitig diese Wildnis langfristig für Besucher erlebbar zu machen. 10 800 Hektar auf den Truppenübungsplätzen Jüterbog Ost und Jüterbog West sowie Lieberose wollte man vom Land Brandenburg erwerben, um auf möglichst großen Flächen Wildnis zu ermöglichen.

Jeder kennt den Wiedehopf aus dem berühmten Kinderlied »Alle Vöglein sind schon da« – gesehen haben diesen exotisch wirkenden Vogel wohl die wenigsten.

LINKE SEITE:
Hubertus Meckelmann ist jede freie Minute in der Natur unterwegs. Er kennt das Gebiet von Lieberose wie seine Westentasche.

Zu den Unterzeichnern der Gründungsurkunde der Stiftung gehörten neben dem Umweltministerium Brandenburg und einer Privatperson vier Naturschutzorganisationen: die ZGF, der Naturschutzbund Deutschland, der World Wide Fund for Nature und der Landschaftsförderverein Nuthe-Nieplitz-Niederung. Die Bürger der an die Gebiete angrenzenden Gemeinden erhielten ein Mitspracherecht, das durch Vertreter in den Beiräten ausgeübt wird, denn sie sollten langfristig von diesem Naturschatz profitieren können. »Wildnis soll kein verklärter Mythos aus einem anderen Teil der Erde sein«, erläutert Meckelmann die zugrunde liegende Idee, »sondern direkt sichtbar und begreifbar werden.« Im Mittelpunkt der Stiftungsinteressen steht daher die Landschaft mit ihrer natürlichen Entwicklung, ohne planendes und steuerndes Eingreifen des Menschen.

Das große Ziel ist jedoch die Schaffung eines Nationalparks aus dem Gelände des ehemaligen Truppenübungsplatzes Lieberose und den umliegenden Gebieten, die unterschiedlichen Schutzstatus aufweisen. Ein Nationalpark, in dem Menschen erleben können, was Biologen als Sukzession bezeichnen: die natürliche Veränderung von Lebensräumen und -gemeinschaften im Lauf der Zeit.

Im Reich des Wiedehopfs

Mit ihren ersten Strahlen erweckt die Sonne Lieberose langsam zum Leben. Das Gras trocknet, und wie es scheint, sind mit einem Mal unzählige Heuschrecken, Schmetterlinge, Käfer, Fliegen und Libellen aus ihren Nachtverstecken hervorgekrabbelt, um durch lebhaftes Summen und Zirpen ihre Anwesenheit kundzutun. In das Insektenkonzert mischt sich zuerst leise und dann immer deutlicher ein monotones Hupen: »Up, up, up – up, up, up.« Ein alter Bekannter für den erfahrenen Förster – der Vogel, der beinahe seinen eigenen wissenschaftlichen Namen ruft: *Upupa epops*, der Wiedehopf. Und trotzdem ist die Begegnung mit ihm auch für Meckelmann nicht alltäglich.

Exotisch anmutend mit seinem auffälligen orangefarbenen Federschmuck auf dem Kopf, nimmt ein Wiedehopfmännchen mitten auf dem Weg ein hektisches Bad im Sand. Die schwarz-weiß gestreiften Flügel ausbreitend und schlagend, schaufelt er sich bei seiner ausgiebigen Morgentoilette Sand ins Gefieder, schüttelt sich anschließend kräftig sauber und fliegt »hupend« wieder davon.

Im 19. Jahrhundert war der attraktive Wiedehopf ein häufiger Brutvogel in Brandenburg, heute lassen die seltenen Beobachtungen das Herz von Vogelfreunden höher schlagen. Intensive Landwirtschaft und die Veränderung unserer Landschaft haben dem Wiedehopf seinen Lebensraum genommen und dazu geführt, dass er allmählich verschwunden ist.

Zu den letzten Refugien, die dem Wiedehopf geblieben sind, gehören die ehemaligen Truppenübungsplätze Brandenburgs. Hier scheint er auch in all den Jahren der militärischen Nutzung gut mit der Situation zurechtgekommen zu sein. Panzer und Raketen störten ihn offenbar weniger – Hauptsache, der Tisch war reichlich mit Erdraupen und Großinsekten gedeckt. Große trockene, offene Sandflächen, Trockenrasen, alte Bäume, verstreute Steinhaufen – all das liebt der Wiedehopf. Und mit all dem könnte es in einigen Jahren vorbei sein. Denn Lieberose und auch andere Truppenübungsplätze wie Jüterbog West oder Ost werden sich verändern und wieder zu echten Naturlandschaften werden.

Die Natur sich selbst zu überlassen, Wildnis und natürliche Dynamik zuzulassen bedeutet auch, Veränderung zu akzeptieren. Und so werden die Sandwüsten in Lieberose und Jüterbog eines Tages verschwinden. Aus manchen von ihnen sind seit dem Abzug der Armee Anfang der 1990er Jahre bereits bezaubernde Heidelandschaften geworden. Doch auch sie sind nicht von Dauer, denn Birken und Kiefern kommen an einigen Stellen hoch und begründen sogenannte Pionierwälder. Und auch deren Tage sind gezählt. Mit den Jahren werden sie in die für Brandenburg typischen Eichenmischwälder übergehen. Lediglich natürliche Störfaktoren wie Stürme und vor allem die Waldbrände in heißen Sommern werfen die Sukzession immer wieder zurück, schaffen erneut Offenflächen, sodass die natürlichen Entwicklungsprozesse wieder von vorne beginnen. Der Wiedehopf wird sich an die Veränderungen anpassen müssen, so wie er es über Jahrhunderte hinweg getan hat.

Mehr als 120 Vogelarten leben auf den Feuchtwiesen, in den Moor-, Heide- und Dünenlandschaften sowie in den Wäldern der ehemaligen Truppenübungsplätze. Unter ihnen sind so seltene Arten wie Fischadler, Seeadler, Schwarzstorch, Baumfalke und Kranich. Aber auch Arten, von deren Existenz die meisten

Eisvögel sind Höhlenbrüter. Sie brauchen neben langsam fließenden oder stehenden Gewässern, in denen sie nach Beute jagen, steile Abbruchkanten für ihre Bruthöhlen. Davon finden sie auf den Truppenübungsplätzen genug.

Die Rötelmaus verdankt ihren Namen der rotbraunen Fellfärbung am Rücken.

Auf ihrem jährlichen Zug in die Winterquartiere im wärmeren Süden machen Kraniche in der Niederlausitz Station. Auch in Lieberose finden sie kleine Rückzugsbiete.

Rehe sind in Lieberose ein häufiger Anblick.

LINKE SEITE:
Farbkontrast pur: ein Grünwidderchen auf einem schmalblättrigen Weidenröschen

Vor wenigen Minuten ist diese Heidelibelle geschlüpft. Die Exuvie, ihre alte Haut, der sie gerade entstiegen ist, hängt noch neben ihr am Schilf.

Die Röhrenspinne liebt warme Standorte und ist in Deutschland sehr selten. Wie ihr Name verrät, baut sie kleine trichterförmige Röhren im Boden, die in einem feinen Gespinst enden – eine perfekte Insektenfalle.

VORHERGEHENDE DOPPELSEITE: Die Smaragdeidechse liebt warme Standorte.

Deutschen wahrscheinlich noch nie gehört haben: Bekassine, Wendehals und Ziegenmelker, Brachpieper, Ortolan, Raubwürger und Steinschmätzer.

Weniger auffallend tummeln sich Grashüpfer, Heupferde und allerlei andere Laubheuschrecken in den Wiesen, huschen große Laufkäfer über die offenen Flächen, bohren Schlupfwespen ihre Gänge in morsches Holz, bauen Ameisenlöwen ihre unterirdischen Fallen in den Sandboden und weben Röhrenspinnen kunstvolle Netze.

Blauflügelige Prachtlibellen flattern an den Gewässerrändern, Blaupfeile und Mosaikjungfern fliegen am Ufer entlang Patrouille, und die zierlichen Adonislibellen, Weidenjungfern oder Federlibellen klammern sich an Blätter und Ästchen. Auf den Feuchtwiesen, in den Mooren und Moorwäldern wachsen Sonnentau und Wasserschlauch, blühen Orchideen, Igelkolben, Bärlapp und Großseggen, und an sehr trockenen Standorten gedeihen Silbergrasfluren, Besenginsterheiden und Zwergstrauchheiden. Schlangen und Eidechsen wärmen sich auf Steinen und alten Bunkerresten, Fischotter jagen in den Gewässern, und Rotwild äst gemächlich auf den zahlreichen Lichtungen.

Und seit einigen Jahren wandern von Osten her sogar wieder regelmäßig Wölfe in die Gebiete der ehemaligen Truppenübungsplätze Brandenburgs ein. Früher oder später werden sie auch Lieberose wieder in Besitz nehmen. Wolfsspuren deuten darauf hin, dass die ersten Tiere schon zu kurzen Stippvisiten da waren. Eine Zukunftsvision, die dem ehemaligen Truppenübungsplatz im Osten der Republik eine ganz besondere Wildnisnote verleihen würde: ein Nationalpark mit frei lebenden Wölfen – das wäre ein Naturerlebnis, wie es kein zweites in Deutschland gibt.

Fragen an

Professor Dr. Manfred Niekisch, Universität Greifswald

Was ist Wildnis?

Nach der Definition der Welt-Naturschutzunion IUCN sind Wildnisgebiete »große Areale von nicht oder nur geringfügig verändertem Land und/oder Meer, die ihren natürlichen Charakter und ihre äußeren Einflüsse beibehalten haben, die ohne dauerhafte oder nennenswerte Besiedelung sind und die geschützt und bewirtschaftet werden, um ihren natürlichen Zustand zu erhalten«. Die Wahrnehmung der Bevölkerung von Wildnis stimmt in den Industrienationen in weiten Teilen mit dieser fachlichen Definition überein. Für die meisten Menschen hierzulande hat ein Wald beispielsweise dann Wildnischarakter, wenn er nicht forstwirtschaftlich genutzt wird, einen hohen Anteil an Totholz aufweist und keine Wege hat. Das Verständnis von »Wildnis« ist natürlich ein ganz anderes bei den Menschen, die traditionell darin leben, etwa bei den Indianern in den Amazonaswäldern oder bei den Waldnomaden Südostasiens.

Warum ist Wildnis wichtig?

Gebiete, in die der Mensch nicht eingreift und in denen natürliche Prozesse mehr oder weniger ungestört ablaufen können, sind vor allem im dicht besiedelten Deutschland selten. Sie bieten einer Vielzahl von Tier- und Pflanzenarten Lebensraum und gewährleisten damit, dass wir zumindest einen Teil unserer biologischen Vielfalt bewahren. Wildnis hat aber nicht nur ökologische, sondern auch kulturelle Bedeutung. Echte Wildnisgebiete zeigen uns, welchen Wert Natur hat – für uns und unser seelisches Wohlbefinden. Zudem hilft uns Wildnis zu verstehen, wie natürliche Prozesse ablaufen, etwa in Wildtierpopulationen oder bei der Naturverjüngung von Wäldern. Wo kann man das schon ungestört beobachten?

Wildnis zulassen oder eingreifen?

Die Frage, inwieweit man in natürliche Prozesse eingreifen soll, wird sehr kontrovers diskutiert. Was will man erhalten? Soll eine Heide für immer eine Heide bleiben, oder will man zulassen, dass daraus – der natürlichen Sukzession folgend – Wald wird? Akzeptiert man, dass all die seltenen Arten der Offenlandschaft verschwinden, wenn die Heide zu Wald wird, oder verhindert man dies durch Pflegemaßnahmen? Hierzulande ist es eher die Regel, Biotope durch Pflegemaßnahmen auf dem Status quo zu halten. Umso wichtiger ist es, dass wir uns auch Gebiete leisten, in denen natürliche Dynamik zugelassen wird.

Wie viel Wildnisfläche gibt es in Deutschland?

Zurzeit gibt es in Deutschland 14 Nationalparks mit einer Gesamtfläche von 962 048 Hektar. Zieht man die Wasserflächen der Nationalparks an Nord- und Ostsee ab, bleiben 194 136 Hektar. Dies entspricht 0,54 Prozent der Fläche Deutschlands. Hinzu kommen die Naturschutzgebiete mit insgesamt rund 1,13 Millionen Hektar, also einem Flächenanteil von 3,2 Prozent. Mit 6,6 Prozent der Landesfläche liegt Brandenburg hier deutlich über dem Durchschnitt. Richtige Wildnis ist jedoch auch innerhalb dieser Schutzgebiete sehr selten. Aktivitäten wie Jagd oder Fischerei sind oftmals erlaubt. In Deutschland gibt es aber noch einige nicht mehr genutzte Truppenübungsplätze, die sich zur Entwicklung von Wildnisgebieten eignen. Rund 125 000 Hektar solcher Flächen will die Bundesregierung in das »Nationale Naturerbe« überführen.

Wie groß muss ein Wildnisgebiet sein?

Diese Frage hat eine landschaftsökologische und eine verwaltungsjuristische Komponente und lässt sich nicht eindeutig beantworten. Aus ökologischer Sicht sind Minimalgrößen natürlich stark vom Landschaftstyp abhängig. Rechtlich sind in den USA mindestens 2000 Hektar notwendig, damit sich ein Gebiet *wilderness* nennen darf, Neuseeland erwartet von einem Wildnisgebiet gar, dass die Durchquerung mindestens zwei Tagesmärsche in Anspruch nimmt. Der Schweiz reicht für einen »Regionalen Wildnispark« schon eine Mindestgröße von 600 Hektar.

BUKIT TIGAPULUH | INDONESIEN 07
NEUE HEIMAT FÜR ROTE WALDMENSCHEN

MALAYSIA
Johor Bahru
SINGAPUR
Padang Sidimpuan
Padang
Ransang
Bintan
Rantau
Kundur
Galang
Besar
Pekanbaru
Gunung Ophir
2912
Pini
Tanahmasa
Lingga
Boso
Indragiri
Bukittinggi
Tanahbala
Singkep
Bukit-Tigapuluh-
Nationalpark
Padang
Sumatra
(INDONESIEN)
Siberut
Batanghari
Jambi
3805
Gunung Kerinci
Pangkalpinang
Banka
Sipura
Pagai Utara
Lep
Rowas
Palembang
Pagai Selatan
Komering
Bengkulu
Gunung Dempo
3159
Gunung Sekioau
1718
Enggano
N
0
50
100 km
Bandarlampung
KAMBOD-
SCHA
VIETNAM
THAILAND
BRUNEI
MALAYSIA
SINGAPUR
Borneo
Sumatra
INDONESIEN
Java

So gewaltig herrschte einst das Leben auf unserer Erde, ehe der Mensch fruchtbar wurde, sich mehrte und sie »sich untertan« machte.

BERNHARD GRZIMEK, 1959

Neue Heimat für rote Waldmenschen

Einst gehörten die Regenwälder Asiens zu den unübertroffenen Schatzkammern der Erde. Nirgends sonst gab es so viele Tier- und Pflanzenarten. Doch die Vernichtung dieser Wälder ist ebenfalls beispiellos. Mit der Wiederansiedlung konfiszierter Orang-Utans auf Sumatra möchte man zweierlei erreichen: das Lebensrecht für unsere nächsten Verwandten in Freiheit und den Schutz der letzten verbliebenen Waldgebiete.

Vorsichtig streckt John Deere seinen Arm aus und versucht die nächste Astgabel zu erreichen. Diese Kletterpartie in fünf Meter Höhe ist nicht ganz ungefährlich, und John beginnt zu zweifeln, ob dieser junge Aglaia-Baum für sein Vorhaben wirklich geeignet ist. Sobald er Halt am nächsten Ast findet, verlagert er langsam das Gewicht, um sich wieder eine Stufe höher zu ziehen. Ein fataler Fehler. Der Ast, auf dem er steht, federt nach unten, für Sekundenbruchteile hängt er an dem dünnen Haltegriff, der mit einem kurzen Knacken abbricht.

John saust in die Tiefe. Äste und Blätter schlagen ihm ins Gesicht, fast ohne seinen Fall zu bremsen. Ein dumpfer Aufprall auf dem zum Glück weichen Urwaldboden beendet den Sturz. Nach einer Schrecksekunde rappelt sich John langsam auf. Der Rücken schmerzt etwas, aber erstaunlicherweise scheinen alle Knochen heil zu sein. Dass ein Mensch einen solchen Sturz unbeschadet übersteht, ist eher ungewöhnlich. Aber John Deere ist auch kein richtiger Mensch, er ist ein Fastmensch. John ist ein dreijähriger Orang-Utan, der sein Klettertraining im Bukit-Tigapuluh-Nationalpark in Zentralsumatra soeben ziemlich erfolglos abgebrochen hat.

VORHERGEHENDE DOPPELSEITE: Der Bukit-Tigapuluh-Nationalpark ist ein einzigartiges Refugium für die Megafauna Sumatras. Hier leben noch Tiger, Nashorn, Elefant, Tapir und nun auch wieder Orang-Utans.

Unsere haarigen Verwandten

Orang-Utan – Waldmensch – ist der malaiische Name für die roten zotteligen Menschenaffen. Eigentlich eine sehr respektvolle Bezeichnung für ein Tier. Dabei konnten die Ureinwohner vor Tausenden von Jahren gar nicht ahnen, dass sie mit dieser Wortschöpfung auch biologisch gar nicht so daneben lagen. Erst mit modernen genetischen Analysemethoden konnten die genauen Verwandtschaftsgrade zwischen Arten ermittelt werden, und dabei ergab sich eine genetische Übereinstimmung zwischen Orang-Utan und Mensch von immerhin 96 Prozent. Fastmensch also.

Geholfen hat den roten Waldbewohnern jedoch weder die Wortwahl noch die Genetik. Orang-Utans gehören zu den am stärksten bedrohten Menschenaffen und stehen auch innerhalb der Säugetiere ganz oben auf den internationalen »roten Listen« der vom Aussterben bedrohten Arten. Einst hangelten sie sich durch die Regenwälder ganz Südasiens, von Südchina über Vietnam und die Malaiische Halbinsel bis nach Java. Heute gibt es nur noch Restvorkommen auf Borneo und Sumatra, und diese Populationen unterschei-

Wer je tief in die Augen eines Orang-Utans geblickt hat, wird das nicht vergessen. Unsere nächsten Verwandten faszinieren uns auf besondere Weise.

Werkzeuggebrauch bei Tieren ist für uns ein Kennzeichen für besonders hohe Entwicklung. Orang-Utans haben manchmal auch noch andere Ideen. Hier hat sich ein Jungtier aus einem Blatt einen Regenhut gebastelt.

RECHTE SEITE:
Orang-Utans sind hangelnde Baumbewohner. Gemächlich ziehen sie umher, auf der Suche nach Nahrung. Wo Tiger leben, empfiehlt sich ausreichend Abstand zum Boden.

den sich genetisch so deutlich, dass sie als eigene Arten geführt werden: *Pongo pgymaeus* auf Borneo und *Pongo abelii* auf Sumatra.

Auf Borneo gibt es noch rund 55 000 Tiere, die jedoch in mehr als 300 vereinzelten Populationen leben. Wie bei den Menschen in abgelegenen Schweizer Alpentälern oder auf kleinen Inseln kann so eine genetische Isolation zu Erbkrankheiten, Immunschwäche und verminderter Fortpflanzungsfähigkeit führen. Wie stark sich Folgen dieser Art auf die Orang-Utans auswirken werden, lässt sich unmöglich abschätzen.

Der dramatische Einbruch bei den Borneo-Orang-Utans erfolgte erst in jüngster Zeit. Noch vor gut zehn Jahren lebten etwa 150 000 Tiere auf dieser Insel. Viel dramatischer sieht es auf Sumatra aus. Während die heutige Weltpopulation der Borneo-Orang-Utans immerhin das Frankfurter Fußballstadium füllen würde, entspricht die Zahl der Verwandten auf Sumatra der Einwohnerzahl eines größeren Dorfes, schätzungsweise 7000. Damit ist die Population in den letzten 100 Jahren um 90 Prozent geschrumpft. Die Weltnaturschutzorganisation IUCN führt den Sumatra-Orang-Utan in der Kategorie »vom Aussterben bedroht«.

Trotz ihrer Bezeichnung als Waldmenschen wurden und werden Orang-Utans bejagt und verspeist. Archäologische Funde aus Sarawak zeigen, dass dies bereits vor 35 000 Jahren der Fall war. Zahlen gibt es dazu nicht, aber ein Blick auf die Fortpflanzungsbiologie lässt erahnen, dass schon eine Jagd in geringem Ausmaß fatale Auswirkungen haben kann. Orang-Utans werden erst zwischen sieben und zehn Jahren geschlechtsreif. Uns Menschen mag das früh erscheinen, doch im Vergleich zu den meisten Säugetieren, die schon nach ein bis zwei Jahren Nachwuchs zeugen, ist das reichlich spät. Tatsächlich sind Orang-Utans meist deutlich älter als zehn Jahre, wenn sie das erste Mal Eltern werden, und danach bekommen die Weibchen nur alle sieben bis neun Jahre Nachwuchs.

Schneller ginge es auch gar nicht, weil das Baby zwei Jahre herumgetragen wird und dann noch weitere vier Jahre im engsten Kontakt mit der Mutter das schwierige Überleben im Regenwald lernen muss. Eine Orang-Utan-Mutter, die im Freiland etwa 40 Jahre alt wird, erlebt damit nur rund viermal Mutterfreuden. Nicht annähernd so oft wie die viel zitierten Karnickel. Die bringen es nämlich bei fünf Jahren Lebenszeit,

fünf Würfen pro Jahr und sieben Jungen pro Wurf auf 175 Nachkommen. Orang-Utans setzen auf Langsamkeit, Intelligenz und Lernen – eine Strategie, die diesen größten Menschenaffen Asiens über Millionen von Jahren das Überleben in den Regenwäldern gesichert hat. Doch bei ihrem schärfsten Konkurrenten und nahen Verwandten, dem Menschen, hilft sie ihnen offensichtlich nicht viel weiter.

Die Axt im Walde

Inzwischen wurde die Jagd als Bedrohungsfaktor Nummer eins längst von der Zerstörung des Lebensraums abgelöst. Dies gilt für alle Bewohner des Regenwalds, nicht nur für die Orang-Utans. Nirgendwo auf der Welt wird so viel und so rasch Wald abgeholzt wie in Südostasien. Etwa 20 000 Quadratkilometer Wald, eine Fläche so groß wie Hessen, fallen jährlich allein in Indonesien Motorsägen, Äxten und der Brandrodung zum Opfer. Die Insel Sumatra, um ein Drittel größer als Deutschland, hat bereits mehr als 80 Prozent ihrer Regenwälder eingebüßt. Wenn die Entwaldung in diesem Tempo voranschreitet, wird der Tieflandregenwald in wenigen Jahren vollständig verschwunden sein.

Der Niedergang der Wälder verläuft in Phasen: In einem ersten Schritt »ernten« Holzfirmen auf den Konzessionsflächen, die mehrere Zehntausend Hektar umfassen, alle wertvollen Tropenbäume, um sie zu exportieren. Der Wald erscheint noch grün und geschlossen, weist aber schon deutliche Wunden auf. Daraufhin erfolgt der Kahlschlag. Riesige LKWs schaffen die Bäume als Papierrohstoff zur Zellulosegewinnung in die großen Papiermühlen. In einem letzten Schritt werden auf den gerodeten Flächen Ölpalmen in Monokultur angepflanzt.

Legen Bauern Felder an oder soll es schnell gehen, dann entfällt mitunter auch die Holznutzung, und die Wälder werden direkt durch Brandrodung zerstört. Dabei geraten die Brände immer wieder außer Kontrolle und vernichten viele Hunderttausend Hektar Wald. Rauschschwaden von gigantischen Ausmaßen verdunkeln die Sonne, führen zuweilen zur Sperrung von Flughäfen und bedrohen die großen Städte.

Die riesigen, enorm artenreichen Regenwälder Indonesiens sind inzwischen fast flächendeckend eintönigen Palmölplantagen gewichen, das grüne Gold Asiens beherrscht die Landschaft und unser aller Leben.

Weltweit ist Palmöl aus unserem Alltag nicht mehr wegzudenken. Es ist ein Rohstoff bei der Herstellung von Margarine, Süßigkeiten und Fertiggerichten, von Waschmitteln, Seife, Kerzen und Kosmetika. Durch den

Der Bänderroller *(Hemigalus derbyanus)* ist eine nachaktive Schleichkatze des Tropenwaldes auf Sumatra. Die Streifen bieten im Geäst eine gute Tarnung.

Insekten, hier eine Schmetterlingsraupe, stellen mit großem Abstand die artenreichste Gruppe der Tiere. Ihr Bestand wird auf mehrere Millionen Arten geschätzt. Die allermeisten davon finden sich in den Tropenwäldern.

Die Flachkopfkatze *(Prionailurus planiceps)* ist extrem selten und kaum erforscht. Vor einigen Jahrzehnten hielt man sie schon für ausgestorben. Über ihre heutige Verbreitung ist kaum etwas bekannt.

Der Doppelhornvogel *(Buceros bicornis)* lebt in den tropischen Regenwäldern Südostasiens.

LINKE SEITE:
Sumatratiger sind akut vom Aussterben bedroht. Wahrscheinlich gibt es inzwischen weniger als 250 erwachsene Tiere. Projektleiter Peter Pratje findet immer wieder Tigerspuren unweit seiner Station.

ZGF-Projektleiter Peter Pratje lebt seit acht Jahren im Busch. Die Orang-Utans sind ihm ans Herz gewachsen, die Strapazen hat er akzeptiert.

RECHTE SEITE:
Mit so einer Anfahrt zu Haus und Arbeitsstätte kann kaum jemand aufwarten. Oft ist das jedoch kein Abenteuer mehr, sondern schlicht Schinderei.

Biodieselmarkt tut sich für die Palmölindustrie eine ganz neue Dimension mit rasanten Wachstumsraten auf. Marktführer für Palmöl sind Malaysia und Indonesien, die 80 Prozent der Weltproduktion bestreiten. Während in Malaysia fast alle Regenwaldgebiete schon vernichtet wurden, steht nun in Indonesien und dort besonders auf Sumatra eine neue und letzte große Rodungswelle an. Der Einsatz von Pestiziden und Kunstdünger auf den riesigen Palmölmonokulturen, Abwasser aus den Ölmühlen und klimaschädliches Methan aus Fäulnisprozessen stellen schon heute eine große Umweltbelastung dar.

Langer Weg zurück in die Freiheit

Doch was weiß John Deere schon von Palmöl, Biodiesel und Brandrodung? Nur vage kann er sich an das größte traumatische Ereignis in seinem jungen Leben erinnern – als eine Gewehrkugel seine Mutter traf und damit in Sekunden alles auslöschte, was bisher für ihn von Bedeutung gewesen war. Er konnte nicht verstehen, dass sich der warme rote Zottelpelz, an den er sich vom ersten Tag an geklammert hatte, nicht mehr bewegte und langsam kalt wurde. Er spürte nur noch instinktive Angst und Panik, als er von eigenartigen Wesen fortgezerrt wurde und schließlich angekettet in einem Hinterhof landete. In einer Welt ohne Bäume und Früchte, einer Welt, die fremder kaum hätte sein können.

Der Hinterhof gehörte einem Maschinenverkäufer in der Drei-Millionen-Metropole Medan. Dort fand Dr. Peter Pratje, ZGF-Projektleiter auf Sumatra, den jungen Orang-Utan zwischen großen grün-gelben Frontladern und Traktoren der amerikanischen Firma John Deere. Ein anonymer Hinweis hatte ihn zu ihm geführt. Er nannte den kleinen Affen kurzerhand John Deere und gab seinem Leben eine völlig neue Wendung.

Mit Hilfe von drei Forstpolizisten und nach langen, von indonesischer Höflichkeit geprägten Gesprächen mit dem Besitzer wurde John Deere offiziell in das Orang-Utan-Rettungsprogramm aufgenommen. Während der einmonatigen Quarantäne in Batu Mbelin bekam er Entwurmungsmittel und wurde gründlich untersucht, bevor es grünes Licht gab für die Rückkehr in seine vertraute Welt.

In der ZGF-Auswilderungsstation in der Pufferzone des Bukit-Tigapuluh-Nationalparks wurde John Deere mit seinen fünf »Klassenkameraden« und den acht menschlichen Pflegern bekannt gemacht. Mit seinem freundlichen Wesen und seinem noch sehr ausgeprägten Bedürfnis nach Körperkontakt wurde er schnell zum besonderen Liebling in der Station. Keiner hier kann sich, auch nicht nach Jahren anstrengenden Dienstes im Regenwald, den Grimassen, den individuellen Eigenarten, den Späßen und Tricks der Orang-Utans entziehen.

Ihre Ausbildung hat nur ein Ziel: sie fit zu machen fürs Überleben im Regenwald. Doch der Weg dorthin ist dornig und hart. Klettern, Nahrungssuche, Schlafnester bauen und Feinden aus dem Weg gehen sind die Hauptfächer in der Urwaldschule. Und jedes einzelne Fach ist ungeheuer komplex.

Nahrungssuche bedeutet zum Beispiel, aus über 10 000 Pflanzen die giftigen, die essbaren und leckeren und die wertvollen zu erkennen und zu wissen, in welchem Zeitraum sie wo wachsen. Zu lernen, wie

Prestone
TOYOTA
B 2261 EP

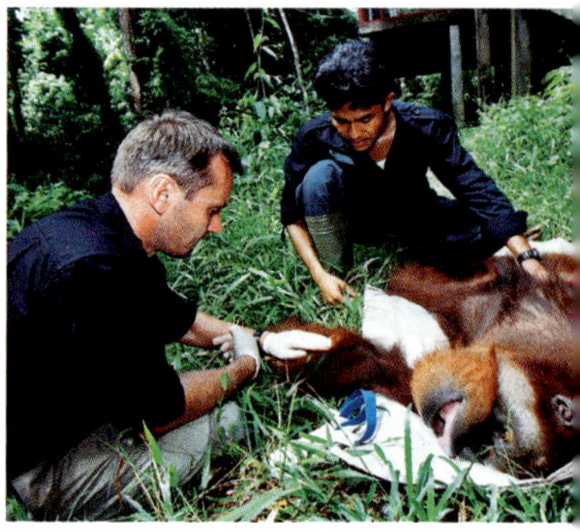

Projektleiter sind immer auch Teamleiter und müssen sich gut in andere Kulturen integrieren.

Vom Biologen zum Veterinärmediziner: Mit einem Blasrohr schießt Peter Pratje einen Pfeil mit einer Narkosespritze, um ein Tier vor dem Auswildern in Schlaf zu versetzen.

Die Narkose bietet die Möglichkeit, Tiere ein letztes Mal zu untersuchen und ihnen Blut abzunehmen.

man die stacheligen Triebe der Rotanpalme schält oder Termitengänge aufbricht und die kleinen eiweißhaltigen Insekten aufschlürft.

Klettern ist nicht nur anstrengend, sondern erfordert auch Grips. Schließlich muss man abschätzen lernen, welcher Ast wie viel Gewicht trägt, welche Liane welche Reißkraft hat und wo sich Dornen oder Wespennester verstecken. Und auch das eigene Gewicht ändert sich mit den Jahren. Bis zu 90 Kilo wird John einmal wiegen, fast doppelt so viel wie seine weiblichen Artgenossen. Und einen Absturz aus 30 Meter Höhe kann er sich dann nicht mehr leisten.

Doch jetzt muss er erst einmal die Schmach seines Fehlgriffs überwinden. Nach einem kurzen Rundblick hat er Peter Pratje entdeckt, der gerade einen der zahlreichen Blutegel loszuwerden versucht, der in sein Hosenbein gekrochen ist. Zielstrebig marschiert John auf den drahtigen Biologen zu und schlingt ihm die langen Arme um den Hals. Geborgenheit ist immer noch ein gutes Heilmittel. Pratje nimmt John an der Hand, und nach viel gutem Zureden gelingt es ihm tatsächlich, ihn erneut zum Klettern zu bewegen.

Die heutige Lektion heißt: Immer weg vom Boden! Denn am Boden gibt es Tiger. Das war auch die Lektion gestern, und sie wird es auch die nächsten Tage bleiben. Doch Pratje weiß, dass es solche Abstürze wie heute, die ihm immer noch einen gehörigen Schrecken einjagen, bei John Deere nicht mehr oft geben wird. Orang-Utans sind gelehrige Schüler, und diese Trainingsstunden sind nicht nur für sie spannend.

Auch Peter Pratje liebt diese Stunden, für die er in den letzten Jahren immer weniger Zeit findet. Fast ein Jahrzehnt hat er all seine Lebensenergie und Arbeitskraft in den Dienst der Orang-Utans, des Regenwaldschutzes und in das Projekt der ZGF gestellt. Viele Dutzend Tiere hat er durch die »Regenwaldschule« geschleust und sie dorthin gebracht, wo sie herkommen und wo sie hingehören: in den Wald. Und von Anfang an hat er das Orang-Utan-Projekt mit dem Schutz der letzten Regenwälder verknüpft. Damit führt er an neuer Stelle fort, was Mitarbeiter der ZGF vor langer Zeit in einem Pilotprojekt angepackt hatten.

Rettungsaktion Orang-Utan

Der Beginn des ZGF-Engagements auf Sumatra liegt 30 Jahre zurück und entstammt wie so vieles der Grzimek-Ära. Damals hatten die Schweizer Biologinnen Regina Frey und Monica Borner im Auftrag von ZGF und WWF die erste Auswilderungsstation für Orang-Utans auf Sumatra aufgebaut, die Station Bohorok. Dort

sollten Tiere, die illegal in Haushalten gehalten und von den Behörden konfisziert worden waren, ausgewildert werden. 1980 übernahm die indonesische Naturschutzbehörde diese Station im Leuser-Nationalpark, und damit begann leider auch der Niedergang des einst erfolgreichen Projekts. Die Station wurde primär zu einer Attraktion für Rucksacktouristen. Billigunterkünfte und einfache Restaurants schossen wie Pilze aus dem Boden, und die Einheimischen verdingten sich als Touristenführer, wobei sie mit ihren unkoordinierten Touren den Auswilderungsprozess erheblich störten. 1997 schließlich erreichte das Treiben mit 500 000 Besuchern pro Jahr seinen vorläufigen Höhepunkt.

Die Haltung der Tiere und ihre Auswilderung entsprach schon lange nicht mehr internationalen Standards, sodass sich die Forstbehörde gezwungen sah, die Station zu schließen. Inzwischen warnten Experten auch vor der Auswilderung von Menschenaffen in Gebieten, in denen noch wild lebende Orang-Utans existierten. Zu groß schien das Risiko, dass infizierte ausgesetzte Tiere menschliche Krankheiten, für die alle Menschenaffen sehr anfällig sind, in Wildpopulationen einbrachten. Traurige Berühmtheit erlangte Bohorok noch einmal im Jahr 2003, als sintflutartige Regenfälle Schlammlawinen und Flutwellen auslösten, die fast die ganze Ortschaft Bukit Lawang wegschwemmten.

Damit gab es auf Sumatra keine Auswilderungsstation mehr. Tiere, die illegal meist unter unwürdigen Bedingungen gehalten wurden, konnten nicht mehr beschlagnahmt werden. Die einzigen noch wild lebenden Orang-Utans konzentrierten sich im Norden der Insel. Das Risiko, dass Waldbrände oder Krankheiten die letzten Sumatra-Orang-Utans ein für allemal auslöschen könnten, stieg mit jedem Jahr. Gleichzeitig wurde wegen der rapiden Waldvernichtung der Lebensraum auf der Insel immer knapper.

Die Insel auf der Insel

1998 erhielt Peter Pratje den Auftrag, ein neues Auswilderungsgebiet für Sumatra-Orang-Utans zu finden und damit gleichzeitig einen entscheidenden Beitrag zum Schutz des Regenwalds zu leisten. Monatelang durchstreifte er mit indonesischen Botanikern die Insel, kletterte über Bergrücken, durchschwamm Flüsse, zählte Fruchtbäume und hielt Ausschau nach den typischen Schlafnestern, die einen Hinweis auf bisher vielleicht unentdeckte Wildpopulationen geben konnten. Irgenwann war das geeignete Gebiet gefunden: der Bukit-Tigapuluh-Nationalpark. Das Gebiet der 30 Hügel, 144 233 Hektar groß, fünfmal so groß wie der

Schließlich geht es ab in die Kiste, die zu einer Sänfte wird. Vier Männer tragen diese dann stundenlang durch den unwegsamen Dschungel.

In ausreichender Entfernung zur Station wird die Tür in die Freiheit geöffnet. Jetzt sind die Orang-Utans dort, wo sie einst hergekommen sind und wo sind unbedingt hingehören: in die Tieflandregenwälder Sumatras.

Ob das jetzt auch so in Ordnung ist? Peter verabschiedet sich von einem seiner Schützlinge. Bei aller Sympathie darf man nie vergessen, dass Orang-Utans durchaus wehrhafte Tiere mit unglaublich kräftigen Fingern und Armen sind. Und sie können fürchterlich beißen.

In der Anfangszeit gibt es noch ein tägliches Früchte-Buffet. Durch das ausgiebige Training sind sie jedoch gut auf den letzten Schritt in die Freiheit vorbereitet und werden bald ohne Hilfe zurechtkommen.

Nationalpark Bayerischer Wald, eingebettet in das größte verbliebene Tieflandregenwaldgebiet Sumatras mit insgesamt 400 000 Hektar.

Sumatra gehört zur *hot-spot*-Region Sundaland mit ihrer weltweit herausragenden Biodiversität, die sich überdeutlich auch im Bukit-Tigapuluh-Nationalpark zeigt. Dieser gilt als eines der letzten Refugien der Megafauna Sumatras, zu der Tiger, Nashorn, Elefant und Malaienbär ebenso gehören wie der Schabrackentapir – alles spezifische Arten, die es nur auf Sumatra gibt. Im Rahmen einer nur vierwöchigen Erhebung fanden Ornithologen hier rund 200 Vogelarten.

Auch in der Ethno-Medizin spielt der Park eine bedeutsame Rolle. Das dort heimische Volk der Malayu nutzt 182 Pflanzen, um 45 verschiedene Krankheiten zu heilen, und kennt acht Ständerpilzarten zur Behandlung von drei Dutzend anderen Krankheiten. Die Talang Mamak verwenden in ihrer traditionellen Medizin 110 Pflanzen und nutzen 22 Ständerpilzarten für medizinische Zwecke. Und bestimmt hat die Schatzkammer Regenwald noch viel mehr an Inhaltsstoffen zu bieten.

Mit großem Engagement und Durchhaltevermögen hat sich Peter Pratje nicht nur durch den echten, sondern auch durch den bürokratischen Dschungel gekämpft. Fast zwei Jahre lang hat er Behörden aufgesucht, Workshops abgehalten, Berichte und Anträge geschrieben und Gutachten eingeholt, bis die Kooperation mit der Forstbehörde und den Gemeinden lokal und national endlich auf festen Beinen stand.

Unter großen Mühen und enormem körperlichem Einsatz wurde in der Pufferzone des Parks, fern von jeglicher Zivilisation, eine neue, professionelle Auswilderungsstation errichtet. Große Käfiganlagen für mehr als zwei Dutzend Tiere, Quarantänekäfige, Labors, Küchen-, Geräte-, und Wohnhäuser wurden gebaut, in einer Region, in der es weder fließendes Wasser noch Strom oder Telefon gibt. Für über 80 Tiere war diese Station die Tür in die Freiheit, zurück in die Weiten des Regenwalds. Und schon drei Tiere haben die Käfige nie von innen gesehen: die ersten Nachkommen ausgewilderter Mütter. Sie sind der beste Beweis dafür, dass das Auswildern funktioniert, dass die menschlichen Lehrer ihren tierischen Schülern die richtigen Lektionen beigebracht haben.

Auch den zweiten Schritt hat das Projekt mit Bravour gemeistert. 2004 wurden die ersten Orang-Utan-Schutztruppen eingerichtet: kleine, gut ausgerüstete und ausgebildete Wildhütereinheiten, die die Orang-Utans überwachen und den Wald schützen. Flexibel einsetzbar, patrouillieren sie oft tagelang zu Fuß durch

Ein Gorilla im Orang-Utan-Land. Die ZGF mit dem Gorilla-Logo setzt sich seit den 70er Jahren für die Auswilderung und den Schutz von Sumatra-Orang-Utans ein.

Mach mir den Affen: Peter Pratje zeigt jungen Orang-Utans, wie man aus abgebrochenen Termitenbauten die Tiere herauslutscht.

Einheimische Mitarbeiter sind überall auf der Welt das Rückgrat der Naturschutzarbeit, und mancherorts werden die Projekte zu einem wichtigen Arbeitgeber in den entlegenen Regionen.

LINKE SEITE:
Hektik und Stress kennen Orang-Utans eigentlich nicht. Sie haben eine scharfe Beobachtungsgabe und zeichnen sich durch ausgesprochen schlaues Verhalten aus. Im Regenwald ist es besonders wichtig, dass sie wissen, wo und wann welche Nahrung zu finden ist. Und das auf allen Ebenen des Waldes und über das ganze Jahr verteilt.

Herstellung und Gebrauch von Werkzeugen ist bei Orang-Utans nicht so häufig zu beobachten wie etwa bei Schimpansen. Die Sumatra-Orang-Utans, die sich eher in Gruppen zusammenfinden, scheinen mehr Hilfsmittel zu verwenden als ihre Verwandten auf Borneo.

In den Verhaltensweisen und in der Mimik der großen Menschenaffen spiegelt sich unser eigenes Wesen. Die Verwandtschaft ist unverkennbar und sicher auch der Grund dafür, dass uns diese Tiere faszinieren. Wir sollten so fair sein, auch ihnen dauerhaft Lebensrecht und Lebensraum zuzugestehen.

VORHERGEHENDE DOPPELSEITE: Die Bindung zwischen Mutter und Kind ist die einzige wirklich feste und lang anhaltende Bindung zwischen Orang-Utans. Sie dauert fünf bis acht Jahre. So viele Jahre liegen dann auch zwischen den Geburten. Mehr als bei allen anderen Menschenaffen.

den Wald, vertreiben Jäger und Holzfäller, beschlagnahmen Holz und konfiszieren Gerät. Wie andernorts auch sind sie längst das Rückgrat des Parks geworden.

Der dritte und wichtigste, aber auch schwierigste Schritt steht noch aus: die Erweiterung des Parks und die Sicherung der umliegenden Waldgebiete. Alle Ansätze scheiterten bisher an den Differenzen von National- und Bezirksregierung und den Interessen großer Konzessionäre. Und schließlich erwartet auch die lokale Bevölkerung primär Erträge aus dem Wald. In einem Riesenland mit unzureichender medizinischer Versorgung, schlechter Infrastruktur, ineffizientem Schulsystem, weit verbreiteter Armut, zahlreichen Ethnien und Religionen ist es nicht leicht, Verständnis für die Erhaltung der Biodiversität zu wecken und den nachhaltigen Umgang mit den Ressourcen umzusetzen. Die Aufgaben im Gebiet der 30 Hügel sind also noch lange nicht abgeschlossen.

Fragt man Peter Pratje, wie er es denn über Jahre aushält in der Einsamkeit des Waldes, in der schweißtreibenden Hitze, umgeben von Moskitos und Blutegeln, kommt die Antwort ohne langes Zögern: »Es ist ein Superjob für mich, ein Kindheitstraum. Kein Tag gleicht dem anderen, Routine ist uns fremd. Und ich habe den Eindruck, etwas wirklich Wichtiges zu tun. Jeder Quadratkilometer Regenwald, den wir hier erhalten, ist ein kleines Kronjuwel.«

Learning by doing, das Lernen durch Erfahrung-Sammeln, gilt für den Projektleiter und seine Mitarbeiter genauso wie für die Orang-Utans. »Ich habe nicht geahnt, was da alles auf mich zukommt«, sagt Pratje. »Eigentlich bin ich ja Biologe. Hier aber muss ich Bauingenieur, KFZ-Mechaniker, Installateur, Manager, Moderator und Veterinärmediziner sein. Die Herausforderung ist enorm, die Befriedigung, wenn man etwas schafft, aber auch.« Wenn ihn Abholzungsraten, neue Palmölplantagen und abgelehnte Anträge zur Parkerweiterung fast zur Verzweiflung bringen, klappt Pratje einfach seinen Laptop zu, geht die paar Stufen vor seinem Holzhaus hinunter, läuft den schmalen Urwaldpfad entlang, vorbei an der großen Käfiganlage, und schaut seinen Schützlingen beim Klettertraining zu. Und wenn sich John Deere einsam fühlt, legt er den Rückwärtsgang baumabwärts ein und schlingt seine langen, haarigen Arme um Peter Pratjes Hals.

Fragen an

Professor Dr. Carel van Schaik, Anthropologisches Institut und Museum, Universität Zürich

Was zeichnet Orang-Utans gegenüber anderen Menschenaffen aus?

Orang-Utans sind die einzigen Menschenaffen in Asien und damit für den wissenschaftlichen Vergleich mit den afrikanischen Menschenaffen unersetzlich. Bei diesen wandern zum Beispiel die Weibchen aus der Familiengruppe aus, während es bei den Orang-Utans die Männchen sind. Komplexes Werkzeugverhalten wie die Verwendung von Stöcken zum Stochern oder Steinen zum Hämmern wiederum ist bei allen Menschenaffen vorhanden. Wilde Orang-Utans studieren zu können ist eine Grundvoraussetzung, wenn wir unsere Menschwerdung verstehen wollen.

Orang-Utans leben im Gegensatz zu den afrikanischen Menschenaffen meist als Einzelgänger, wobei es deutliche Unterschiede im Grad des Zusammenlebens zwischen einzelnen Populationen und den beiden Arten gibt. So sind etwa die Orang-Utans von Sumatra eher in Gemeinschaft anzutreffen als die von Borneo. Diese Variationen im Sozialverhalten ermöglichen es uns, die Einflussfaktoren zu bestimmen und zu erforschen. Vereinfacht gesagt: Je ressourcenärmer der Lebensraum, desto geringer ausgeprägt das Zusammenleben. Häufig ist dann die Mutter der einzige Spielpartner und Lehrer für das Kind. Diese Tiere zeigen weniger neu entwickelte Verhaltensweisen und »kulturelle« Besonderheiten.

Warum soll man Orang-Utans mit viel Aufwand im Freiland erhalten? Reichen uns nicht die Tiere im Zoo?

Zum einen gibt es natürlich eine ethische Begründung, nämlich dass jede Art in ihrer natürlichen Umgebung leben dürfen sollte. Man stelle sich vor, es gäbe nur noch wenige Menschen auf der Erde, und Marsianer kämen und würden beschließen, dass dieser kleine Rest im Zoo statt in freier Natur leben soll. Orang-Utans haben große Streifgebiete. Schützt man sie, gibt man damit auch vielen anderen Tieren und Pflanzen die Möglichkeit zu überleben.

Zum anderen können viele Eigenschaften einer Art, z. B. was das Verhalten oder die Physiologie betrifft, nur im Freiland adäquat untersucht werden, nicht aber in Gefangenschaft. Nur die Beobachtung im natürlichen Lebensraum ermöglicht uns Einblicke in die Evolution dieser Eigenschaften und damit auch in unsere eigene Entwicklung. Mit dem Studium der Orang-Utans im Freiland schauen wir in einen Spiegel. Dieses Bild müssen wir uns erhalten.

Wie groß sind die Chancen, dass der Sumatra-Orang-Utan überlebt?

Die ökologische Krise auf Sumatra durch Abholzung und Waldbrände hat international große Aufmerksamkeit hervorgerufen. Sie hat aber auch national auf Regierungsebene zu einem Bewusstseinswandel geführt. Die neue indonesische Regierung betrachtet den Schutz der natürlichen Ressourcen als ein äußerst wichtiges Thema. Insofern sind die Rahmenbedingungen heute teilweise besser als noch vor einigen Jahren. Anders sieht es jedoch auf kommunaler Ebene aus. Die politisch sinnvolle Dezentralisierung führt zu einer Autonomie der einzelnen Distrikte, die vor allem den eigenen Vorteil im Auge haben. Nationale Initiativen werden daher oft nicht umgesetzt. Deshalb müssen wir den Schutz der Orang-Utans und ihres Lebensraums für die lokale Bevölkerung attraktiver machen. Wenn uns das gelingt, bin ich vorsichtig optimistisch, was ihre Zukunft angeht. Ökotourismus könnte hier ein wichtiger Motor sein. Wenn auch die verdeckten Kosten in die Bilanz miteinbezogen werden. ist er oft profitabler als andere Nutzungsformen. Allerdings muss so ein Tourismus sorgfältig geplant und umgesetzt werden.

Das Überleben der Orang-Utans ist ein Gewinn für alle. Deshalb sollten die Kosten für ihren Schutz nicht allein den Bewohnern vor Ort aufgebürdet, sondern von der internationalen Gemeinschaft getragen werden.

08

CUC PHUONG | VIETNAM

ARCHE NOAH FÜR DIE LETZTEN LANGUREN

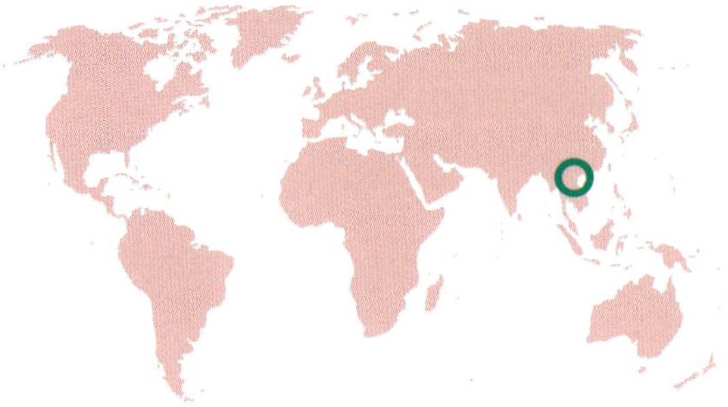

Bac Ninh
Son Tay
HANOI
Moc Chau
Song Da
Hai Phong
Song Hong
Xam Hua
Quan Hoa
Van-Long-
Reservat
Nam Dinh
Muong Ham
2062
Cuc-Phuong-
Nationalpark
Nho Quan
Ninh Binh
LAOS
Thanh Hoa
Ban Ban
VIETNAM
Song Con
Südchinesisches
Muong Lam
Meer
Quynh Luu
Con Cuong
Vinh
N
0
50
100 km
CHINA
VIETNAM
MYANMAR
(BIRMA)
LAOS
Südchinesisches
Meer
THAILAND
KAMBODSCHA

Das unaufhörlich steigende, brodelnde Meer aus Menschen erstickt die Tiere heute wie die Sintflut der Bibel.

BERNHARD GRZIMEK, 1954

Arche Noah für die letzten Languren

Vietnams Affen sind nicht nur einzigartig, sie sind auch äußerst gefährdet. Es gibt nur vergleichsweise wenige Tiere jeder Art, und diese drohen schnell zu verschwinden, da ihr Lebensraum rasant dahinschmilzt. Jedes Individuum zählt folglich und wird im Endangered Primate Rescue Center versorgt.

»Was, nur 3000 Hektar? Fehlen da nicht ein oder zwei Nullen?«, fragt Bernhard Forster, als er den Gebirgszug des Van-Long-Reservats betrachtet. Das hier soll das weltweit wichtigste Rückzugsgebiet für die vom Aussterben bedrohten Delacour-Languren sein? Nach seiner Reise durch Peru, wo manche Schutzgebiete so groß sind wie das Saarland, hatte der neue ZGF-Mitarbeiter andere Dimensionen im Kopf. Sein Chef, der Projektleiter Tilo Nadler, nickt. »Na ja, genau genommen sind es 3330 Hektar. Riesig ist das zwar nicht, aber dieses Gebiet hat es in sich.«

Etwa 50 Delacour-Languren leben in den schroffen Karsthügeln von Van Long, verteilt auf mehrere Gruppen. Eine davon sieht Bernhard durchs Fernglas auf niedrigen Bäumen sitzen. Die bizarren weißen Fellhosen heben sich im Morgenlicht deutlich vom Rest des tiefschwarzen Körpers ab. Sechs Tiere sind es, wahrscheinlich eine Familie. Gemächlich pflücken sie Blätter ab. Languren, auch Schlankaffen genannt, sind anspruchsvolle Vegetarier, die ihre Nahrung sorgfältig auswählen.

In den Felswänden sind einige Höhlen zu erkennen. »Dorthin werden sie sich heute Abend zurückziehen«, erklärt Nadler. »Die Höhlen sind ein Schutz gegen Raubtiere, und außerdem ist es dort wärmer. Hier kann es im Winter nämlich ganz schön kalt werden.« Tilo Nadler kennt das Leben der Primaten Vietnams wie kaum ein anderer. Seit mehr als 15 Jahren arbeitet er in Vietnam und hat sich ganz der Erforschung und dem Schutz der Languren verschrieben. Felduntersuchungen führten ihn wiederholt in entlegene Landesteile, und seine Arbeit hat wesentlich zum heutigen Wissen über Verbreitung und Status der vietnamesischen Affen beigetragen. »Leider werden solche Schlafhöhlen in anderen Gebieten oft zu echten Fallen für die Languren«, seufzt er. »Wilderer machen diese Höhlen ausfindig und sperren sie mit Netzen ab. Auf diese Weise können sie recht einfach viele Tiere auf einmal fangen und löschen damit auf einen Schlag eine ganze Gruppe aus.«

Zum Glück gibt es in den Bergen von Van Long im Norden Vietnams inzwischen keine Wilderer mehr. Nach hartnäckiger Lobbyarbeit im Forstschutzministerium gelang es Tilo Nadler im Jahr 2001, diesen kleinen Gebirgsstock als staatliches Schutzgebiet ausweisen zu lassen. Dann half er, Rangereinheiten aufzubauen und kleine Kontrollposten am Rand zu errichten. Mittlerweile gibt es zehn solche Posten. 20 Ranger arbeiten dort unter Anleitung und Kontrolle der Forstschutzbehörde der Provinz und des ZGF-Projekts, das auch die Gehälter bezahlt.

VORHERGEHENDE DOPPELSEITE: Vietnam, wie man es aus den Reiseprospekten kennt: die Bucht von Halong mit ihren prägnanten Karstfelsen.

Diese Wälder werden auch in Vietnam immer seltener. Landwirtschaftliche Nutzflächen verdrängen den Lebensraum der Affen.

Nördliche Weißwangengibbons turnen durch die große Freianlage des Endangered Primate Rescue Center (EPRC).

RECHTE SEITE:
Die Vielfalt an Arten kennzeichnet Vietnams Primaten. Oft ist der Lebensraum einer Art auf ein kleines Gebiet beschränkt, und es gibt nur wenige Individuen. Dies macht sie sehr anfällig. Hier ein Delacour-Langur *(Trachypithecus delacouri)*, das Flaggschiff des Projekts.

Seit hier regelmäßige Patrouillen eingerichtet wurden, ist Schluss mit der Wilderei. Für die Zukunft der 50 hier lebenden Delacour-Languren ist dieser erste Erfolg lebenswichtig, denn der Gesamtbestand der Art beträgt nur noch 200 bis 250 Tiere, und nirgendwo leben mehr als in Van Long. Die restlichen 150 bis 200 sind auf etwa 15 weitere Orte verstreut und auf kleine Gruppen verteilt, die kaum eine Überlebenschance haben. Denn fallen in einer solchen Minipopulation nur ein oder zwei fortpflanzungsfähige Languren durch Wilderei oder Krankheit aus, bedeutet das oft das baldige Ende einer Gruppe. Außerdem sind kleine Gruppen anfällig für Inzucht.

Leider sind die Delacour-Languren kein Einzelfall. Auch von anderen Primatenarten in Vietnam wie etwa den Grauschenkligen Kleideraffen gibt es nur noch ein paar Hundert Tiere. Das sind zu wenige, um ohne Hilfe zu überleben. Deshalb engagiert sich die ZGF hier sehr stark für ihren Schutz.

Inseln im Meer aus Reisfeldern

Die beiden Männer machen sich auf den Rückweg. Ziel ist der etwa 25 Kilometer entfernte Cuc-Phuong-Nationalpark, in dem das Vietnam Primate Conservation Programme der ZGF sein Hauptquartier hat. Kaum haben die beiden das Van-Long-Reservat verlassen, sind sie wieder von Feldern und Bewässerungsgräben umgeben. Sie begegnen unzähligen Menschen, die zu Fuß oder mit dem Fahrrad unterwegs sind. Mopeds knattern vorbei, und ständig wird gehupt. An einer Baustelle müssen sie warten. Die Straße wird verbreitert und geteert. Wie überall im Land wird hier emsig gebaut. Forster blickt noch einmal zurück. Inseln gleich ragen die bewaldeten Karsthügel des Schutzgebiets aus diesem Meer aus Reisfeldern und Menschen. Für die Affen besteht keine Möglichkeit, zu Artgenossen in anderen Wäldern zu gelangen. Wie Schiffbrüchige sind sie dazu verdammt, auf ihrer Insel zu bleiben.

Bis zum Beginn der französischen Kolonialherrschaft war fast ganz Vietnam mit Wald bedeckt. Mangrovenwälder an der Küste, Tieflandregenwälder im Landesinnern und schroffe Bergregenwälder in den sehr

unterschiedlichen Klimazonen des Landes beherbergten eine große und einmalige Vielfalt an Pflanzen und Tieren. Ursprünglich herrschten hier ideale Bedingungen für die 22 Primatenarten Vietnams, die in ihrer Lebensweise alle vom Wald abhängig sind.

Fünf Arten, darunter der Delacour-Langur, kommen nirgends sonst auf der Welt vor. Und alle fünf sind vom Aussterben bedroht, denn von dem ehemals flächendeckenden Lebensraum sind inzwischen nur noch isolierte Waldinseln übrig. Die Franzosen holzten für ihre Plantagen große Flächen ab, und durch die systematische Zerstörung im Vietnamkrieg schrumpften die Waldgebiete weiter. Nach dem Krieg entwaldete das verarmte und durch Wirtschaftsembargos isolierte Land durch staatlich organisierten Holzeinschlag weiterhin riesige Landesteile, die heute ödes Brachland sind.

Doch auch das rasante Bevölkerungswachstum der letzten Jahrzehnte hat entscheidend dazu beigetragen, dass große Waldgebiete vernichtet werden. Der Flächenbedarf ist groß, und jeder Flecken wird intensiv für Landwirtschaft genutzt. In wenigen Jahren hat sich Vietnam vom Reisimporteur zum zweitgrößten Reisexporteur der Welt entwickelt. Fabriken und Lagerhallen schießen wie Pilze aus dem Boden. Nach Jahren der Entbehrung wird seit der Öffnung der Märkte im Jahr 1995 der wirtschaftliche Aufschwung im Zeitraffer nachgeholt.

Für viele Menschen auf dem Land jedoch sind die ständig kleiner werdenden Naturwälder noch immer der wichtigste Lieferant für Brenn- und Bauholz. Im Gegensatz zu anderen tropischen Ländern wird die Zerstörung des Regenwalds hier nicht durch die skrupellose Abholzung großer internationaler Holzkonzerne vorangetrieben, sondern durch die Übernutzung der Bevölkerung. Intakter Wald ist daher nur dort übrig geblieben, wo das Gelände unzugänglich ist: auf steilen Bergkuppen und abgelegenen Gebirgsketten. Er bildet die letzte Zuflucht für bedrohte Tier- und Pflanzenarten.

Doch trotz dieser immensen Vernichtung natürlicher Habitate bietet das Land den meisten Tier- und Pflanzenarten noch immer ausreichend gute Lebensbedingungen. Die größte Gefahr für viele Tierarten ist derzeit die Ausrottung durch Wilderei. Wildfleisch ist als Delikatesse überall in Vietnam sehr begehrt. Hinzu

Die konstant wachsende Bevölkerung benötigt immer mehr Ressourcen, die auf Kosten der Naturräume gewonnen werden.

LINKE SEITE:
Der Rotschenklige Kleideraffe *(Pygathrix nemaeus)* ist einer der farbenprächtigsten Primaten der Welt. Seine Bestände gehen vor allem aufgrund von Habitatverlust dramatisch zurück. Wie viele dieser Affen noch in Vietnam und Laos leben, weiß man nicht, aber wahrscheinlich sind es inzwischen weniger als 1000.

VORHERGEHENDE DOPPELSEITE:
Vielfalt braucht natürliche Dynamik, und Dynamik wiederum ist die Grundlage für Artenvielfalt. Baumsturzlücken und Totholz sind wichtige Elemente, welche die Vielfalt an Pflanzen und Tieren aufrechterhalten.

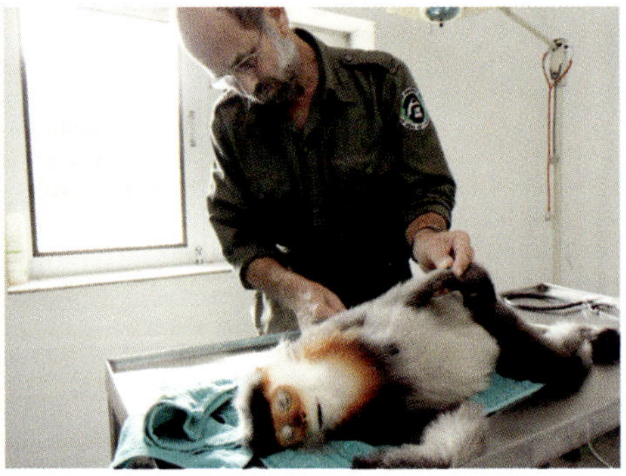

Gute Kooperation mit den Behörden ist essenziell für das Projekt.

Eröffnung einer neuen Rangerstation in Van Long

Von den Rangern konfiszierte Affen werden im EPRC zunächst untersucht und behandelt.

Die Tierärztin Dr. Ulrike Streicher arbeitet seit vielen Jahren in Vietnam.

kommt die medizinische Bedeutung, die man vielen Tierextrakten zuschreibt. So sollen die Knochen der Languren und Makaken gynäkologische Leiden lindern, die pulverisierten Schuppen von Schuppentieren die Milchproduktion bei stillenden Müttern erhöhen und ein Gecko als Mittel gegen Tuberkulose helfen. Nahezu als Wundermittel gelten Bärengalle und Produkte aus Tigern. Alle diese Tiere werden der Wildbahn entnommen. Auch die Nachfrage aus dem benachbarten China ist riesig, und ganze LKW-Ladungen mit Affen, Schlangen, Schildkröten, Bären und anderen Tieren werden dorthin geschmuggelt, um zu traditioneller Medizin verarbeitet oder in Restaurants verspeist zu werden.

Längst ist Vietnam ein Transitland geworden, durch das Tiere aus ganz Südostasien illegal nach China geschleust werden – in einer nahezu unvorstellbaren Größenordnung von 3000 bis 4000 Tonnen pro Jahr. Das entspricht mehr als einer Million Tiere, wobei das Spektrum vom Frosch bis zum Tiger reicht. Hier wirken die Kräfte des internationalen Marktes, den das Projekt kaum beeinflussen kann. Natürlich ist dieser Handel verboten, aber wenn der Preis hoch genug ist, lohnt sich auch das Risiko.

Immerhin sorgt Tilo Nadler dafür, dass alle Fälle von illegalem Tierexport, von denen er erfährt, strafrechtlich verfolgt werden. Damit die Forstschutz- und Zollbeamten besser für diese schwierige Aufgabe gerüstet sind, unterstützt er deren Ausbildung. Gerade hat er einen bebilderten Führer mit den geschützten Tieren Vietnams als Arbeitsunterlage für Forstschutz, Zoll und Grenzpolizei erarbeitet.

Schutzprojekt für die Delacour-Languren

Nur schwer zugängliche und bewachte Gebiete gewähren den begehrten Wildtieren eine Verschnaufpause. Auch der Cuc-Phuong-Nationalpark ist eine solche Oase. Mit seinen 22 200 Hektar ist er deutlich größer als Van Long. Hier hat vor mehr als 15 Jahren alles angefangen. 1991 nahm Nadler an einer Expedition teil, die im Cuc-Phuong-Nationalpark filmen und nach den seltenen Delacour-Languren suchen wollte. Diese galten zwar als ausgestorben, aber es gab neue Hinweise auf Sichtungen im Bergwald von Cuc Phuong. Die ZGF finanzierte das Unternehmen, und tatsächlich konnte das Expeditionsteam dort Delacour-Languren nachweisen – eine echte Sensation.

Die Tiere galten damals als die letzten ihrer Art. Erst viel später sollte Nadler auf weiteren Expeditionen auch ihre Artgenossen in Van Long wiederentdecken. Ab 1993 leitete er ein neues ZGF-Projekt zum Schutz

Gehege zur Eingewöhnung konfiszierter Affen

Hatinh-Languren *(Trachypithecus laotum hatinhensis)* im EPRC. Sie pflanzen sich dort erfolgreich fort.

Weiblicher Schopfgibbon *(Nomascus* spec.). Die eng verwandten Gibbon-Arten sind schwer voneinander zu unterscheiden.

Projektleiter Tilo Nadler mit einem Rotschenkligen Kleideraffen

des Delacour-Languren in Cuc Phuong. Damals war er einer der wenigen Ausländer im Land und der erste, der den vietnamesischen Führerschein machte. »Das Fahren war ja kein Problem, aber es wurde bemängelt, dass ich viel zu wenig hupte«, sagt er lachend, als er von seiner Fahrprüfung berichtet.

Gemeinsam mit der vietnamesischen Forstschutzbehörde bildete er Parkranger aus und leistete Motivationsarbeit. Er begleitete die Männer auf ihren teils gefährlichen Patrouillen und half ihnen, illegal geschlagenes Holz oder widerrechtlich gefangene Affen zu beschlagnahmen. Die ZGF unterstützte die Arbeit zudem mit Ausrüstung wie Ferngläsern und Funkgeräten, Motorrädern sowie dem Bau von Kontrollposten. In dieser Zeit lernte Nadler auch seine spätere Frau Hien kennen, die sich ebenso unerschrocken wie er mit den Holzfällern anlegte.

Nach und nach gelang es, den Holzeinschlag einzudämmen. Heute sorgen 65 Parkranger dafür, dass es so bleibt. Für die Delacour-Languren sieht die Bilanz leider nicht ganz so gut aus, denn noch immer gibt es Wilderer, und die etwa 25 bis 30 Tiere sind nach wie vor gefährdet. Das hat damit zu tun, dass der Cuc-Phuong-Nationalpark viel größer und unübersichtlicher ist als das kleine Reservat Van Long. Während dort die Affen eine Touristenattraktion sind, bekommt man sie in Cuc Phuong als normaler Besucher gar nicht zu Gesicht. Die bewaldeten Karstberge sind steil und zerklüftet, und es ist unmöglich, ständig das ganze Gebiet zu kontrollieren. Rund um den Park leben etwa 100 000 Menschen, und obwohl das Projekt umfangreiche Aufklärung und Umweltbildung leistet, gibt es immer ein paar schwarze Schafe. Wenn die Nachfrage nach Affen so bleibt wie bisher, wird es fast unmöglich sein, die Wilderei endgültig zu stoppen – eine frustrierende Perspektive.

Letzte Zuflucht – die Auffangstation

Direkt am Eingang zum Nationalpark liegt das Endangered Primate Rescue Center (EPRC), die Rettungsstation für gefährdete Primaten. Die Einfahrt ist mit mehreren Toren gesichert, das gesamte Gelände eingezäunt, denn die dort untergebrachten Affen sind sehr wertvoll.

Mit zwei konfiszierten Delacour-Languren hat es 1993 angefangen, inzwischen leben etwa 150 Tiere von 15 verschiedenen Primatenarten in diesem Schutzraum. Der Aufbau einer Auffangstation war ursprünglich gar nicht vorgesehen, aber durch den Erfolg der Patrouillenarbeit stand man bald vor einem neuen Pro-

Für die verschiedenen Arten, die im EPRC versorgt werden, wird spezielles Futter zusammengestellt.

Konfiszierte Jungtiere müssen manchmal mit der Flasche aufgezogen werden.

RECHTE SEITE:
Der Cat-Ba-Langur *(Trachypithecus poliocephalus poliocephalus)* gehört zu den seltensten Primatenarten der Welt. Nur noch etwa 65 Tiere leben auf den Cat-Ba-Inseln.

blem: Wohin mit den Tieren, die in meist jämmerlichem Zustand bei Jägern oder auf dem Schwarzmarkt beschlagnahmt worden waren? Nirgends im Land gab es eine geeignete Einrichtung. Also baute Tilo Nadler kurzerhand eine Station auf, die inzwischen Teil seines Lebenswerks ist.

Das EPRC gilt als eine der am besten geführten Tierstationen in ganz Indochina. Zwei große Freigelände ergänzen die großzügige Käfiganlage, und in einer Quarantänestation können Tiere medizinisch betreut werden. Für ihre wählerischen Schützlinge sammeln die Tierpfleger jeden Tag 300 Kilo Blätter von 50 verschiedenen Baumarten. Mehr als 20 Mitarbeiter sind im Center beschäftigt. Von 1998 bis 2006 hat die deutsche Tierärztin Dr. Ulrike Streicher hier mitgearbeitet, Tierpfleger aus den Zoos in Leipzig, Berlin, Basel, Melbourne und Sydney halfen als Volontäre, die vietnamesischen Pfleger auszubilden.

Was als Auffangstation für beschlagnahmte Tiere begann, hat sich nach und nach zu einer kleinen Zuchtstation für hochgradig bedrohte Affenarten entwickelt. Da die Gefahr für viele Arten in ihrem ursprünglichen Lebensraum noch längst nicht gebannt ist, ist dieses Center möglicherweise für eine Weile der einzige Ort, der das Überleben einiger Langurenarten gewährleistet. Dies gilt vor allem für die Cat-Ba-Languren. Nur noch 65 Tiere dieser Art gibt es in Freiheit, und nur im EPRC wird diese Art gehalten und erfolgreich vermehrt. Bei einem so geringen Bestand ist jedes einzelne Tier für das Überleben der Art wichtig.

Neben der Etablierung einer kleinen Sicherheits-Population ist das langfristige Ziel des EPRC, die Tiere und ihre Nachkommen wieder in ihren ursprünglichen Lebensraum einzubürgern. Deshalb ist Bernhard Forster nach Vietnam gekommen. Gemeinsam mit Kollegen vom Kölner Zoo wollen Tilo Nadler und er wieder Hatinh-Languren und Rotschenklige Kleideraffen im Phong-Nha-Ke-Bang-Nationalpark in Zentralvietnam ansiedeln. Forster soll das Projekt vor Ort betreuen.

Beide stehen vor einem Käfig, in dem Rotschenklige Kleideraffen behände an Kletterseilen herumturnen. In wenigen Monaten soll diese Kleingruppe in das Eingewöhnungsgehege nach Phong-Nha-Ke-Bang gebracht werden. Fasziniert betrachtet Forster die ausdrucksvollen Gesichter: »Die gehören wirklich den zu schönsten Affen, die ich kenne.«

Engagierte Menschen im Einsatz für die Affen

Hier bei den Kleideraffen treffen die beiden auf den Biologen Ha Thang Long, der inzwischen Nadlers rechte Hand ist. Long verkörpert eine neue Generation im Land. Selbstbewusst und motiviert möchte er die Naturschätze seines Landes bewahren und tritt engagiert für den Primatenschutz ein. Mit finanzieller Unterstützung der ZGF konnte Long in Oxford ein Masterstudium in Primatologie absolvieren. Zurzeit macht er für seine Doktorarbeit an der Universität Cambridge Felduntersuchungen zur Lebensweise von Grauschenkligen Kleideraffen, einer Affenart, die erst 1997 von Tilo Nadler entdeckt und beschrieben wurde. Long ist gerade aus seinem Untersuchungsgebiet zurückgekommen, dem Kon-Ka-Kinh-Nationalpark im zentralen Hochland Vietnams. Er hofft, dass seine Arbeit die Grundlage für weitere Ausweisungen von Schutzgebieten bilden wird, ähnlich wie die von Tilo Nadler in Van Long.

Derzeit stehen 5,4 Prozent der Landfläche Vietnams unter Schutz, und bis 2010 sollen es 7,6 Prozent werden. Für ein Land, das so dicht besiedelt ist wie Deutschland, ist das eine beachtliche Leistung. Allerdings verteilen sich die geschützten Habitate auf mehr als 180 Gebiete, und viele sind zu klein, um das Überleben von Populationen größerer Säugetiere langfristig zu sichern. Nur wenige Parks sind solche Filetstücke wie Phong-Nha-Ke-Bang mit gut 80 000 Hektar. Aber auch dort steht der Schutz zunächst nur auf dem Papier, und die Umsetzung lässt zu wünschen übrig. Zwar hat die vietnamesische Regierung Gesetze zum Umwelt- und Naturschutz erlassen, aber es fehlt den Behörden an den Möglichkeiten, sie auch durchzusetzen. Korruption, mangelnde Gesetzeskenntnis und Ignoranz sind weitere Gründe für eine beängstigend rapide Zerstörung der Natur und Dezimierung der Wildtierpopulationen.

Natürlich geht es der ZGF bei den Schutzgebieten um mehr als die Affen. Auch viele andere Tiere und Pflanzen profitieren von einer Heimat, in der keine Gefahren drohen. Aber es werden nun mal bevorzugt Tiere geschützt, die wir leicht ins Herz schließen. Sicher wäre es schwieriger, ein Reservat für eine bedrohte Rattenart Vietnams auszuweisen als für die attraktiven Languren. Mit dem Zugpferd Delacour-Langur wurde

Südlicher Weißwangengibbon *(Nomascus siki)*

Junger Rotschenkliger Kleideraffe

Grauer Langur *(Trachypithecus crepusculus)*

LINKE SEITE:
Zwergplumploris *(Nycticebus pygmaeus)* werden leider in großer Anzahl für den Tierhandel gefangen.

ein Sympathieträger aufgebaut, der eine beachtliche Medienwirksamkeit erzielt. Die Presse berichtet über das Primatenschutzprogramm, und auch das vietnamesische Fernsehen ist nahezu regelmäßig zu Gast im EPRC oder beobachtet die Ranger bei ihrer Arbeit.

Auch am Familienleben der Naturschützer nimmt das Land Anteil, und so kann es passieren, dass Tilo Nadler in Hanoi auf der Straße von Fremden angesprochen und nach dem Wohlergehen seines Sohnes Khiem gefragt wird. 2001 wurde er als erster Ausländer in Vietnam als »Held der Arbeit« geehrt. Wie erfolgreich das Projekt um die Anerkennung der heimischen Tierschätze wirbt, zeigt auch eine Briefmarkenserie mit acht Languren-Arten, die die vietnamesische Post 2002 herausgegeben hat. Als besondere Auszeichnung für seine Verdienste wurde Tilo Nadler im Juni 2006 im Kaisersaal des Frankfurter Römer der Bruno H. Schubert-Umwelt-Preis verliehen.

Einsame Zukunft

Auch wenn sie sehr putzig sind – Zwergplumploris sind keine Kuscheltiere.

Tilo Nadler und Bernhard Forster sind im Cuc-Phuong-Nationalpark unterwegs. Es geht steil bergauf. Überall scharfkantiger Kalkfels, der sogar die Schuhe zerschneiden kann. Wegen des mageren Bodens haben viele Bäume eindrucksvolle Stelzwurzeln. Immer wieder liegt ein Stamm quer über dem Weg. Felsblöcke, Spalten und Vegetation machen das Gelände unübersichtlich. Tilo warnt: »Hier kannst du in drei Meter Entfernung an einem Wilderer vorbeilaufen und merkst es nicht.« Er berichtet von einem Bekannten, der sich vor einigen Jahren zum Fotografieren nur etwas vom Pfad entfernt hatte und dann zwei Tage umherirrte.

Ein frischer Erdrutsch hat mehrere Bäume umgelegt und ermöglicht plötzlich den Blick in die Ferne. Am Ende des Tals hört der Wald auf, und man ahnt schon die ersten Felder. In dieser Richtung muss auch Van Long liegen. Nur ein Waldkorridor könnte die Delacour-Languren beider Schutzgebiete miteinander in Kontakt bringen. Die Anpflanzung solcher Korridore ist hier jedoch unmöglich. Jeder Quadratmeter ist wertvoll in diesem dicht bevölkerten Land, und Flächen für den Naturschutz werden künftig eher stärker mit anderen Nutzungsformen konkurrieren. Daher möchte Nadler in den nächsten Jahren einige der ganz kleinen, isolierten Gruppen von Delacour-Languren einfangen und nach Van Long umsiedeln.

Aber soll man denn alles auf eine Karte setzen? »Ideal ist das nicht«, meint er, »doch nur in Van Long können wir garantieren, dass die Tiere nicht im Kochtopf landen. Nur dort haben die Delacour-Languren eine reelle Chance zu überleben – mit unserer Hilfe.« Trotz aller bisherigen Erfolge stehen unseren haarigen Vettern in Vietnam noch harte Zeiten bevor.

Fragen an

Dr. Christian Roos, Deutsches Primatenzentrum Göttingen

Warum gibt es gerade in Vietnam so viele Primatenarten?

Vietnam ist durch unterschiedliche Klimazonen und Lebensräume gekennzeichnet, die eine Vielzahl ökologischer Nischen bieten. Hervorzuheben sind dabei die Gebirgsmassive aus Kalkgestein im Norden des Landes, die durch geologische Ereignisse in den letzten Millionen Jahren voneinander getrennt und dadurch zu inselartigen Lebensräumen für Primatenarten wurden. Die Vielfalt der unterschiedlichen Lebensräume brachte Artbildungsprozesse in Gang, die zu einer enormen Artenvielfalt führten. Vor allem die Arten, die ausschließlich in den Kalksteingebieten vorkommen, sind wahre Nahrungsspezialisten und haben meist nur sehr kleine Verbreitungsgebiete.

Warum sind diese Primatenarten besonders bedroht?

Vietnam ist ähnlich dicht besiedelt wie Deutschland, und seine Wirtschaft wächst rasant. Aufgrund des zunehmenden Bedarfs an Land und natürlichen Ressourcen werden Lebensräume für Wildtiere immer mehr zerstört und zergliedert. Zudem haben viele Arten Vietnams, auf natürliche Weise bedingt durch ihre begrenzten Verbreitungsgebiete, geringe Populationsgrößen und reagieren deshalb besonders anfällig auf menschliche Einflüsse, zu denen auch die illegale Jagd gehört. Diese ist ein weiterer Grund für den drastischen Rückgang vieler Arten, wobei neben der traditionellen Nutzung der Tiere für die Heilkunde und als Nahrung immer mehr auch als Delikatesse geschätzt werden.

Wann ist Gefangenschaftshaltung sinnvoll für die Erhaltung einer Art?

Wenn die Populationsgröße einer Art in freier Wildbahn zu gering ist, um sich selbst zu erhalten, oder wenn der Lebensraum stark bedroht ist, stellt eine Gefangenschaftshaltung und -zucht eine sinnvolle Ergänzung zu Schutzbemühungen der Wildpopulationen dar. Dabei dienen Tiere in Gefangenschaftshaltung zum Aufbau einer stabilen »Reserve-Population«, die später als genetische Ressource genutzt werden kann, um zu kleine Wildpopulationen aufzustocken oder geeignete Lebensräume neu zu besiedeln. Eine Gefangenschaftshaltung ist jedoch kein Ersatz für die Arterhaltung in freier Wildbahn.

Wie schätzen Sie die Zukunft für die Languren Vietnams ein?

In den letzten 15 Jahren sind die Primatenpopulationen Vietnams drastisch reduziert worden. Hält dieser Trend an, werden ohne unsere Hilfe vermutlich einige Arten in naher Zukunft aussterben. Die größten Probleme liegen derzeit in der Umsetzung der vorhandenen Naturschutzgesetze und im fehlenden Umweltbewusstsein bei einem Großteil der Bevölkerung. Das Naturerbe Vietnams ist einzigartig, und sein Schutz sollte daher ein fester Bestandteil bei der weiteren Entwicklung des Landes sein.

GALAPAGOS | ECUADOR 09
VERZAUBERTE INSELN

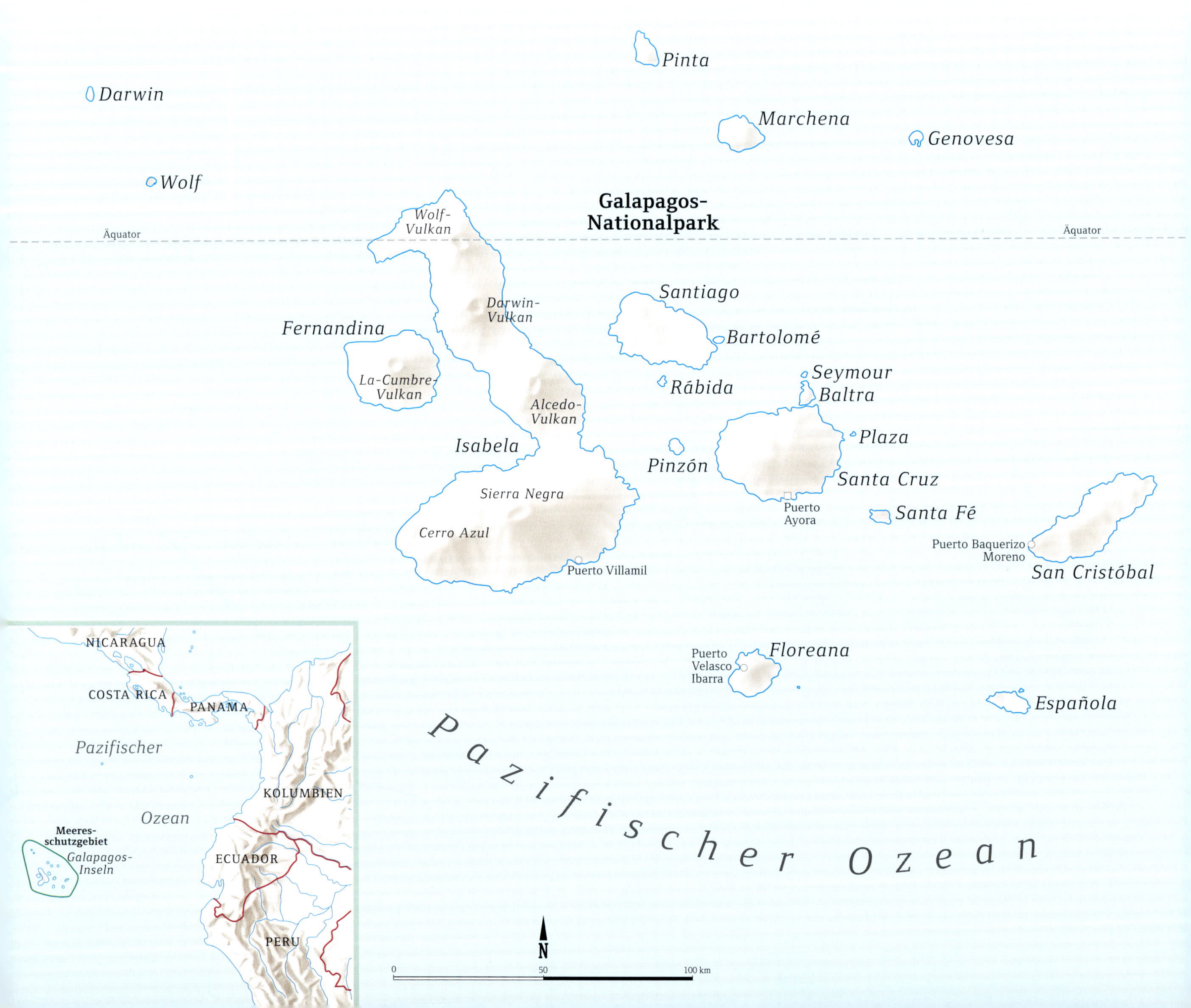
Pinta
Darwin
Marchena
Genovesa
Wolf
Galapagos-
Nationalpark
Wolf-
Vulkan
Äquator
Äquator
Santiago
Darwin-
Vulkan
Fernandina
Bartolomé
Seymour
La-Cumbre-
Vulkan
Rábida
Baltra
Alcedo-
Vulkan
Plaza
Isabela
Pinzón
Santa Cruz
Sierra Negra
Puerto
Ayora
Santa Fé
Cerro Azul
Puerto Baquerizo
Moreno
Puerto Villamil
San Cristóbal
NICARAGUA
Puerto
Velasco
Ibarra
Floreana
COSTA RICA
PANAMA
Española
Pazifischer
Pazifischer Ozean
KOLUMBIEN
Ozean
Meeres-
schutzgebiet
Galapagos-
Inseln
ECUADOR
PERU
N
0
50
100 km

Ecuador ist das erste Land, das auf seinen Werbeschriften nicht Barockkirchen abbildet, sondern Wildtiere: Elefantenschildkröten.

BERNHARD GRZIMEK, 1974

Verzauberte Inseln

Tausend Kilometer vom Festland entfernt, blieb Galapagos lange Zeit unentdeckt und unbesiedelt. Als Schaufenster der Evolution begeisterten die Inseln später Wissenschaftler wie Touristen. Heute wird Galapagos zum Opfer des eigenen Erfolgs. Die Büchse der Pandora ist geöffnet, Besiedlung und Massentourismus gefährden das Weltnaturerbe.

Das Schleifgeräusch ist deutlich hörbar, als knapp 100 Kilo Knochenplatten über den Lavastein schrappen. Dann kontrahiert George seine Muskeln, und wie mit einer Hydraulik erhebt sich der gewaltige Panzer einen halben Meter über den Boden. Vier Beine, dick wie menschliche Oberschenkel, bepflastert mit Hornschilden und bewehrt mit rund geschliffenen Krallen, bewegen den Körper durch das Freiluftgehege. Im Zeitlupentempo. Ein faustgroßer Kopf schiebt sich langsam nach vorne. Der Hals streckt sich auf Armlänge. Runzelige Falten straffen sich, und aus starren Augen blicken 30 Millionen Jahre. Lonesome George, der einsame George.

Sein offizieller Name ist komplizierter: *Geochelone nigra abingdoni.* Er charakterisiert George als eine Unterart der Galapagos-Riesenschildkröten. Eine von ursprünglich 15, von denen vier bereits ausgerottet sind. Und eigentlich könnte man George bereits zu den Verschwundenen dazurechnen. Denn von seiner Unterart, die die Insel Pinta im Norden des ecuadorianischen Galapagos-Archipels besiedelt hat, ist er tatsächlich der letzte Überlebende. Ohne Chance auf Nachwuchs. So etwas wie ein lebender Toter. Und ein Mahnmal. Sein Schicksal darf sich nicht wiederholen. Georges Geschichte ist auch die Geschichte von Galapagos. Begonnen hat sie vor neun Millionen Jahren, als die Vulkaninseln entstanden und Georges Urahnen übers Meer hierher gelangten.

VORHERGEHENDE DOPPELSEITE: Karg und lebensfeindlich präsentieren sich die Inseln. Und doch tummelt sich unter Wasser eine Fülle an Leben, und an Land finden sich Pflanzen und Tiere, die es nirgends sonst auf der Welt gibt.

Meeresvulkane als Inselschöpfer

Als Folge auseinanderdriftender Platten klaffte zu jener Zeit tausend Kilometer vor der südamerikanischen Westküste der Meeresboden auf und gab Lavamassen frei, die sich zu untermeerischen Basaltbergen auftürmten. Die Meerestiefe in dieser Region direkt über dem Äquator betrug »nur« tausend Meter. Vulkane ragten aus dem Wasser und bildeten Inseln. Mit einer Geschwindigkeit von wenigen Zentimetern pro Jahr bewegten sich die Platten weiter, schoben sich untereinander, und neu entstandene Inseln versanken wie auf einer gigantischen abwärtslaufenden Rolltreppe wieder im Meer. Magma quoll weiter aus dem Erdinneren und schuf wieder neue Inseln. Die ältesten der jetzt vorhandenen Galapagos-Inseln, allesamt vulkanischen Ursprungs, entstanden vor gut drei Millionen Jahren. Heute ragen 127 Inseln und Inselchen aus den Fluten. Immerhin dreizehn sind größer als zehn Quadratkilometer. Insgesamt beträgt die Landfläche

8000 Quadratkilometer – das entspricht der dreifachen Fläche des Saarlandes. Das Zentrum der vulkanischen Aktivität, mit riesigen Lavaherden im Erdmantel, liegt bis heute im Westen des Archipels. Dort finden sich mit Fernandina und Isabela die jüngsten Inseln, nur wenige Hunderttausend Jahre alt, mit mächtigen Schildvulkanen, die über 1500 Meter hoch aufragen. Jung heißt in diesem Fall auch groß, und so macht Isabela allein etwa die Hälfte der Landmasse des Galapagos-Archipels aus.

Erster Siedler

Irgendwann vor vielen Hunderttausend oder gar Millionen Jahren müssen Georges Ahnen auf die neu entstandenen Vulkaninseln gelangt sein. Wahrscheinlich stammen sie von einer längst ausgestorbenen Art des südamerikanischen Festlands ab. Starke Regenfälle ließen damals die Flüsse anschwellen, Wassermassen rissen Bäume, Sträucher und Tiere mit und spülten sie ins offene Meer. Die unfreiwillige Reise hat für die allermeisten wohl tödlich geendet. Einige wenige jedoch transportierte der Humboldtstrom nach Nordwesten, und so wurden sie tausend Kilometer weiter an die Sandstrände oder Klippen karger Vulkaninseln gespült.

Für Landbewohner war diese Reise lebensbedrohlich: sengende Äquatorhitze, kalte Meeresströmung, kein Trinkwasser, keine Nahrung. So etwas überleben nur die ganz Zähen. Georges Verwandtschaft gehörte offenbar dazu, und sie war für die Tortur der Reise und das Überleben auf den kargen Felsinseln relativ gut gerüstet. Dank großer Fettreserven und eines langsamen Stoffwechsels können Riesenschildkröten lange Fastenzeiten überstehen. Ein langer Hals dient als Schnorchel, der aus den Wellen ragt, ein günstiges Oberflächen-Volumen-Verhältnis reduziert den Wasserverlust, das geringe spezifische Gewicht lässt den eigenen Körper zum Boot werden.

RECHTE SEITE:
Nur vier der Inseln sind besiedelt, an vielen Orten präsentiert sich die Natur noch wie vor Hunderttausenden von Jahren. Pflanzen und Tiere versuchen die Vulkaninseln zu erobern.

Lonesome George, der einsame George, der letzte lebende Vertreter der Unterart *Geochelone nigra abingdoni*, wurde zum Symbol aussterbender Arten.

Außer den Schildkröten haben es nur wenige Lebewesen bis zu den rettenden Inseln so weit draußen im Pazifik geschafft. Die kargen Lavafelsen waren zwar kein Paradies, hatten aber einen entscheidenden Vorteil: Die Neuankömmlinge trafen kaum auf Widersacher und konnten sich in Hunderttausenden von Jahren ungehindert entwickeln. Die schwierigen Anreisebedingungen, die geringe Konkurrenz und die speziellen Umweltbedingungen erklären die Besonderheit und Einzigartigkeit der Flora und Fauna von Galapagos.

Die natürlichen Artenzahlen nehmen sich eher bescheiden aus. Landsäugetiere sind nur durch drei Reisrattenarten und eine Fledermausart vertreten. 89 Vogelarten brüten auf den Inseln, die Insekten stellen mindestens 618 Arten, die Pflanzen rund 500. Von den Amphibien hat es auch in Millionen von Jahren keine einzige Art geschafft, auf natürlichem Weg die Inseln zu erreichen und dort zu überleben. Galapagos ist ein Arten-Armenhaus im Vergleich zu den tropischen Regenwäldern des Festlands, wo auf gleicher Fläche mehr als 200 Säugetierarten leben, zehnmal so viel Vogelarten beschrieben sind und allein die Zahl der Tagschmetterlingsarten mehr als doppelt so groß ist wie die aller bekannten Galapagosinsekten. Ganz zu schweigen von den Blütenpflanzen, bei denen das Verhältnis 1 zu 30 beträgt.

Krabben und Meeresechsen teilen sich den Fels in der Brandung. Die urtümlichen Reptilien gibt es nur auf Galapagos.

Galapagos-Seelöwen leben im Harem. Während Weibchen und Jungtiere sich am Strand ausruhen dürfen, muss der Harems-Chef an der Seeseite patrouillieren und Widersacher mit lauten Rufen verjagen.

Maskentölpel sind elegante Sturztaucher, die sich am Fischreichtum der kalten Tropengewässer laben.

Der unermessliche Wert der Galapagos-Fauna und -Flora liegt nicht in der Vielzahl der Arten, sondern in ihrer Einzigartigkeit. 67 Prozent aller Wirbeltiere sind endemisch, das heißt sie kommen nur auf Galapagos und sonst nirgends auf der Welt vor. Das Gleiche gilt für 32 Prozent aller Pflanzenarten und 20 Prozent aller Meeresbewohner. In absoluten Zahlen ausgedrückt heißt das: 230 Pflanzenarten, 1100 Arten wirbelloser Tiere, 20 Reptilien-, 26 Vogel- und 4 Säugetierarten leben nur auf Galapagos. Wird eine solche Galapagos-Art ausgerottet, bedeutet das immer auch einen weltweiten unwiederbringlichen Verlust. Es gibt kein zweites Galapagos.

Sündenfall im Paradies

All das haben die Menschen nicht gewusst, die 1535 als Erste die *Islas Encantadas*, die verzauberten Inseln, erblicken. Und selbst wenn, hätte es sie wohl kaum gekümmert. Als Entdecker wird Tomás de Berlanga, damals Bischof von Panama, genannt, den es bei einer Schiffsreise nach Peru bei Flaute und starker Meeresströmung nach Galapagos getrieben hat. Berlanga war von den Riesenschildkröten so beeindruckt, dass er sie in seinen Berichten eigens erwähnte, und ihre spanische Bezeichnung, *galápago*, wurde sogar namensgebend für die ganze Inselgruppe.

Galapagos muss damals ein Dorado für Schildkröten gewesen sein. Hunderttausende, wenn nicht Millionen Tiere umfasste der Bestand mit seinen 15 Unterarten. Dicht an dicht bevölkerten sie die Inseln. Auf Isabela hatte sich sogar auf jedem Vulkan eine eigene Rasse herausgebildet.

Gegen Ende des 16. Jahrhunderts wurden die neu entdeckten Inseln regelmäßig von Menschen aufgesucht, in erster Linie von Piraten, die sie als Zufluchtsort anliefen oder um dort ihre Wasservorräte aufzufüllen. Mit den ersten Menschen entstand für die Tiere von Galapagos ein ganz neues Problem, das heute, 400 Jahre später, Naturschützer in Atem hält und zur größten Bedrohung der Inselgruppe gehört: die Einführung neuer, sich rasch ausbreitender Arten.

Während der langen Abgeschiedenheit hatte die Zufallsgemeinschaft der Galapagos-Bewohner eine eigene Evolution durchlaufen; neue Arten und Unterarten waren entstanden. Dies alles geschah unter natürlichen Bedingungen in unermesslich langen Zeiträumen. Nicht vorbereitet war diese Gemeinschaft auf hoch

entwickelte Pflanzen- und Tierarten, die mit Hilfe des Menschen, ob beabsichtigt oder nicht, immer schneller und immer öfter die verzauberten Inseln erreichten.

Mit den Piraten gelangten als erstes Ratten und Mäuse als »blinde Passagiere« nach Galapagos. Bald wurden Ziegen als Nahrungsreserve ausgesetzt. 1685 folgten Hunde, die die Ziegen jagen sollten, sich aber wohl eher an Jungschildkröten, Leguane und deren Gelege hielten. Und dann ging es Schlag auf Schlag: Es kamen Schweine, Rinder und Esel, Katzen, allerlei Nagetiere, Feuerameisen und viele andere Wirbellose sowie zahlreiche Pflanzen.

Ein aufmerksamer Beobachter hätte bereits damals eine erste Lektion in Sachen Inselökologie und Gefahr durch eingeführte Tiere und Pflanzen lernen können. Inseln sind mit ihrem geringen Artenbestand und der schwach ausgeprägten Konkurrenzsituation besonders anfällig für neu eingeführte Arten, die sich mitunter rapide ausbreiten und andere vernichten können. Erst in den letzten Jahrzehnten des 20. Jahrhunderts sollten wir erkennen, dass die Ausbreitung ortsfremder Arten durch den Menschen weltweit eine der größten Bedrohungen für die biologische Vielfalt darstellt – nicht nur auf Inseln, sondern überall. Vor 350 Jahren wurde dies auf Galapagos bereits deutlich sichtbar.

Mit der Ankunft der Menschen begann der Untergang von Georges Verwandtschaft. Esel und Rinder zertrampelten die Schildkrötengelege, Schweine und Hunde gruben die Nester aus und fraßen Eier wie Jungtiere. Feuerameisen zerstörten die Eier, und Ratten machten sich über die frisch geschlüpften Winzlinge her. Ziegen wurden zu Nahrungskonkurrenten um die spärliche Vegetation.

Aber auch der Mensch hatte es auf die gepanzerten Riesen abgesehen. Schon die Piraten hatten herausgefunden, dass Schildkrötenfleisch gut schmeckt, dass man die Tiere nur einzusammeln braucht und dass sie erstaunlich lang ohne Wasser und Nahrung überleben. Eine ideale Frischfleischreserve also für lange Seereisen, lange vor Dosennahrung und Kühlkammern. Was den Schildkröten über Millionen von Jahren das Überleben ermöglicht hatte, wurde ihnen nun zum Verhängnis. Mitte des 19. Jahrhunderts durchpflügten mehr als 700 Walfangschiffe den Pazifik, und für ihre Besatzungen waren die Riesenschildkröten die Fleischkonserve schlechthin. Zu Hunderten wurden sie in den Laderäumen gebunkert, aufgestapelt, ohne Bewegungsmöglichkeit, ohne Wasser, ohne Nahrung. Über Wochen und Monate. Rund 100 000 Schildkröten sollen damals von den Inseln gebracht worden sein.

Mehrmals täglich transportieren Linienmaschinen Besucher nach Galapagos. Mehr als 150 000 Besucher pro Jahr bringen die Inseln heute in Bedrängnis.

Auf Tuchfühlung mit zahmen Wildtieren – das übt auf alle Besucher eine ganz besondere Faszination aus.

Mit den Menschen kamen die Ziegen, und diese verwandelten große Bereiche in kurzer Zeit in Wüsten. Den Riesenschildkröten blieb nur der Rückzug. Rettungsaktionen begannen in letzter Sekunde.

FOLGENDE DOPPELSEITE:
Rotfußtölpel sind die kleinste und schnellste Tölpelart und die einzige, die auf Bäumen brütet. Damit sie sich auf den Ästen halten können, sind ihre Füße besonders geformt.

Neben den zahlreichen Schiffen, auf denen die Besucher meist übernachten, haben auch die Hotels und Pensionen rasant zugenommen. Es wurden sogar Schiffe für 500 Passagiere zugelassen. Zu viel für die empfindlichen Ökosysteme, fanden die Wissenschaftler und fordern ein nachhaltiges Tourismuskonzept.

Die Wege für die Landausflüge sind gut markiert, und das Wegegebot wird streng überwacht. So bleibt der direkte Einfluss der Touristen relativ gering. Problematischer sind indirekte Auswirkungen wie Abfall, eingeschleppte Arten und boomende Besiedlung.

RECHTE SEITE:
Rauchende Vulkane und Dino-ähnliche Echsen: Galapagos hat Urzeitcharakter.

Jetzt konnte man die zweite Lektion in Inselökologie lernen: Natürliche Ressourcen sind begrenzt. Das gilt selbstverständlich global, nur auf Inseln wird es viel schneller offensichtlich. Und so verschwanden bereits 1830 die Riesenschildkröten endgültig von der Insel Floreana, dann von Santa Fe und Fernandina.

1835 stieß ein Engländer zu den Schildkrötenjägern auf der Insel Santiago, dessen Interesse sich beileibe nicht auf die kulinarischen Eigenschaften der Schildkröten beschränkte. Seine Erkenntnisse über die Entwicklung der Schildkröten auf den verschiedenen Galapagos-Inseln, aber auch über die der Finken und Spottdrosseln sollte unser Weltbild dauerhaft verändern. Der Reisende, der an Bord der *H. M. S. Beagle* die Inseln besuchte, war Charles Darwin.

300 Jahre Piraten, Walfänger und Siedler, möchte man meinen, hätten Galapagos in ein unattraktives, heruntergekommenes Felsland in den Weiten des Pazifiks verwandelt. Dem ist aber zum Glück nicht so. Trotz des problematischen Einflusses des Menschen und seiner Gefolgschaft hat sich Galapagos bis heute 95 Prozent seiner biologischen Vielfalt bewahrt. Der ursprüngliche Bestand an Arten hat sich nahezu vollständig erhalten. Im Gegensatz zu vielen anderen Inseln siedelten sich Menschen sehr spät und in viel geringerem Umfang hier an. Bis heute werden nur vier der dreizehn größeren Inseln von insgesamt 30 000 Menschen bewohnt. Anders als Neuseeland, Madagaskar oder Hawaii, die alle massive Einbrüche in ihren Artenbeständen zu verzeichnen hatten, ist trotz allen historischen und aktuellen Problemen noch ein Großteil der Galapagos-Flora und -Fauna vorhanden. Damit liegen die Inseln im internationalen Ranking, was die Naturausstattung großer Archipele angeht, an der Spitze.

Tiere hautnah

Es ist die einzigartige Natur, die jeden Galapagos-Besucher sofort in ihren Bann zieht. Allein die Entfernung zum Festland vermittelt das Gefühl, ans Ende der Welt gereist zu sein. Allgegenwärtig ist der tosende, meist kalte Pazifik. Mit ungeheurer Wucht krachen schäumende Brecher auf schwarze Lavaklippen. Vulkane,

Schlacke, erkaltete Basaltströme, Lava in Schlingen oder als Blöcke – all das lässt einen an die Geburtsstunde des Planeten denken. Die Luft schmeckt salzig, und spätestens wenn man die ersten Meeresechsen erspäht, meint man in eine Zeitmaschine geraten zu sein. Schwarze, beschuppte Reptilienhaut, der unnahbare Blick aus kleinen Augen und vor allem die Dornenreihen entlang der Wirbelsäule erinnern stark an Mini-Dinosaurier. Mit fast eineinhalb Metern Körperlänge und mehr als zwölf Kilo Gewicht entsprechen sie auch nicht gerade unserer herkömmlichen Vorstellung von Leguanen.

Festgekrallt in die Unebenheiten der schroffen Felsen trotzen sie der Gischt. Erst im genau passenden Moment, bei rückläufiger Welle, gleiten sie elegant ins blaue Nass. Dort, in der lichtdurchfluteten Felszone, weiden sie die Algenrasen ab. Mit dem Eintauchen in das kalte, nährstoffreiche Wasser des antarktischen Humboldtstroms sinkt die Körpertemperatur der Echsen rapide, der Herzschlag verlangsamt sich, der Kreislauf wird heruntergefahren, um Sauerstoff zu sparen und längeres Tauchen zu ermöglichen. Nach maximal einer Stunde müssen sie, reichlich ausgekühlt, die glutheißen Felsen erklimmen, um wieder Sonne und Wärme zu tanken. Nirgendwo sonst auf der Welt lässt sich so ein Schauspiel beobachten. Nirgendwo sonst sind landlebende Leguane zu Meeresechsen geworden.

Geradezu fantastisch wird Galapagos, wenn man sich mit Taucherbrille und Schnorchel selbst ins kühle Element wagt. Man wird empfangen von einer üppigen Vielfalt an Fischen in allen erdenklichen Formen und Farben. Tropische Korallen, die Regenwälder der Meere – hier findet man sie, auch wenn das Wasser, das am südamerikanischen Kontinent entlang von der Antarktis bis zum Äquator strömt, empfindlich kalt ist.

So kalt, dass man sich kaum mehr wundert, wenn man unweit der Korallen auch Pinguine antrifft. Eine weitere Einzigartigkeit von Galapagos. Sind Seelöwen in der Nähe, dauert es meist nicht lange, bis sich diese großen Meeressäuger dem Schwimmer neugierig nähern. Torpedoartig schießt der Stromlinienkörper ins Blickfeld der Taucherbrille; eine Handbreit vor dem erwarteten Aufprall dreht er dann in letzter Sekunde ab. Bei gegenseitigem Vertrauen wird das Spiel entspannter, und so kann es schon mal vorkommen, dass die Seelöwen vorsichtig an den Kunststoffflossen knabbern oder die Hand des Schwimmers berühren. Niemand kann solche Begegnungen vergessen. Und dabei hat Galapagos unter Wasser auch ganz große Sensationen zu bieten wie Wale, Rochen, Haie und Meeresschildkröten.

Gaben die ruhenden Meeresechsen, denen man sich problemlos auf Armlänge nähern kann, schon einen ersten Eindruck von der geringen Fluchtdistanz der Galapagos-Tiere, so setzt sich das bei den Land-

Rochen scheinen durch die Fluten zu fliegen, Hammerhaie und Meeresschildkröten tauchen auf und verschwinden wieder. Galapagos ist ein Taucherparadies.

Korallenriffe und Pinguine – auch diese sonderbare Kombination gibt es auf Galapagos. Ermöglicht wird sie durch antarktische und karibische Meeresströmungen, die hier aufeinandertreffen.

Es war wohl der Nahrungsmangel an Land, der die Echsen ins Meer trieb. Nirgendwo sonst auf der Welt lässt sich das Schauspiel von Meeresechsen beobachten, die unterseeische Algenrasen abweiden.

Die fischreichen Gewässer um Galapagos sind die Nahrungsgrundlage für zahlreiche Tiere des Archipels.

LINKE SEITE:
Kalte, nährstoffreiche Strömungen ermöglichen ein reichhaltiges Meeresleben mit besonders vielen Arten und komplexen Nahrungsketten. Beim Schnorcheln oder Tauchen kommt man aus dem Staunen nicht mehr heraus.

Imponiergehabe ist alles. Fregattvogelmännchen setzen auf knallrote Kehlsackballons.

Blaufußtölpel setzen dagegen auf blaue Füße und einen eleganten Balztanz. Besucher können im Abstand von wenigen Metern mit dabei sein.

RECHTE SEITE:
Riesenschildkröten an den Vulkanhängen von Isabela – ein Bild, wie es uns für Galapagos typisch scheint, doch auch eines mit zunehmendem Seltenheitswert.

bewohnern weiter fort. Spottdrosseln hüpfen auf die Schulter, Blau,- Masken- oder Rotfußtölpel lassen den Beobachter auf Schnabellänge an ihre Nester, Albatrosse räumen nicht einmal den Weg, wenn sich Touristengruppen nähern. Selbst Bussarde scheuen die menschliche Nähe nicht. Kein Vogel flieht, keine Echse flitzt davon, kein Seehundjunges sucht den Schutz der Mutter. Das weitgehende Fehlen von Raubfeinden und die sehr kurze Zeitspanne des Zusammenlebens mit den Menschen sind verantwortlich für die Zutraulichkeit der Tiere. Dem staunenden Beobachter erscheinen alle Tiere zahm, sie erinnern mit ihrem Verhalten an die romantische Vorstellung eines ungetrübten Verhältnisses zwischen Mensch und Tier. Auch dies fördert das Bild von Galapagos als prähistorische Paradieswelt.

Von all dem ahnt George nichts. Er, der Einsame, hat seinen massigen Körper inzwischen zum Buffet bugsiert und schlägt seinen papageienähnlichen Schnabel mit Genuss in eine reife Papaya. Ein halbes Kilo bekommt er davon fünfmal die Woche. Dazu noch 100 Gramm einer Spezialnahrung und dreimal die Woche 50 Gramm Gras. Es soll ihm gut gehen, aber verfetten soll er nicht. Bei seinem bescheidenen Dasein verbraucht George nicht viel Energie. Schließlich muss er keine weiten Wanderungen unternehmen, wie ein Teil seiner frei lebenden Verwandten, die regelmäßig von den trockenen, heißen Eiablageplätze am Fuß der Vulkanberge hinauf in die feuchte Nebelzone ziehen.

Eigentlich hat George in seinem Gehege alles, was sich eine Riesenschildkröte wünschen kann: Schattenplätze gegen heftige Hitze, einen Pool zum Baden und Trinken, ein paar Dornenbüsche zum Knabbern. Sogar weibliche Gesellschaft wurde ihm zugeteilt – in der Hoffnung, dass sich doch noch Nachwuchs von George einstellt. Nur: Die Damen interessieren George herzlich wenig. Sie gehören einer anderen Unterart der Riesenschildkröten an.

Georges Zimmerservice, der ihm gerade die Papayas verabreicht, trägt eine grüne Uniform mit dem Abzeichen des Nationalparks. Riesenschildkröte und Hammerhai, vereinigt im Logo der Parkbehörde. Georges Domizil befindet sich auf dem Gelände der Charles-Darwin-Forschungsstation, die von der Charles Darwin Foundation, einer internationalen Stiftung, getragen wird. Dass sich gleich zwei Organisationen seiner annehmen, ist Ausdruck einer besonderen Kooperation mit langer Vorgeschichte.

Gemeinsam stark: Wissenschaft und Naturschutz

Charles Darwin legte mit seinen spektakulären Beobachtungen zur Entstehung der Arten den Grundstein für die wissenschaftliche Erforschung von Galapagos. Nur auf den ersten Blick mag es paradox anmuten, dass er ausgerechnet auf den artenarmen Inseln Beweise für seine seinerzeit überaus gewagten Theorien fand. Der Vorteil von Galapagos liegt für die Wissenschaftler damals wie heute darin, dass das Artengefüge überschaubar ist. Die wenigen Arten, die es hierher geschafft hatten, konnten sich frei entfalten. Evolution wurde und wird wie auf dem Tablett präsentiert. Hunderte von Studenten und Wissenschaftlern sind Charles Darwin gefolgt.

Galapagos wurde zum Fenster zur Evolution, durch das die wissenschaftliche Elite der Welt blicken möchte. Manche kamen für einmalige Studien, viele widmeten der Erforschung der Galapagos-Tiere und -Pflanzen ihr ganzes Leben. So verwundert eigentlich nicht, dass auch der Impuls zum Schutz der Inseln von den Wissenschaftlern ausging und dass Wissenschaft und Naturschutz auf Galapagos bis heute untrennbar und weltweit einzigartig miteinander verbunden sind.

Zu den jungen Biologen, die kein Abenteuer scheuten, gehörten auch die Österreicher Irenäus Eibl-Eibesfeldt und Hans Hass. Verhaltensforscher der eine, Unterwasserforscher und Tauchpionier der andere. Eine ideale Kombination für Galapagos. Auf zwei Expeditionen mit dem Forschungsschiff *Xarifa* Mitte der 1950er Jahre lernte Eibl-Eibesfeldt die Inseln und ihre Bewohner kennen. Und erkannte, dass dieser unermessliche Schatz durch den Einfluss des Menschen und seiner Haustiere zu verschwinden drohte.

Mit einem Bericht an die Weltnaturschutzorganisation IUCN und die UNESCO versuchte Eibl-Eibesfeldt 1955, die Weltöffentlichkeit auf die Zustände auf Galapagos aufmerksam zu machen. Zwei Jahre später erhielt er das Mandat für eine eigene mehrmonatige UNESCO-Expedition. Darauf folgte 1959 in Brüssel die Gründung der Charles Darwin Foundation mit dem Ziel, eine biologische Station auf Galapagos einzurichten und zu betreiben, die Forschungsarbeiten zu planen und zu koordinieren und Naturschutzmaßnahmen durchzuführen. Noch im selben Jahr proklamierte die ecuadorianische Regierung auf unbewohnten 690 000 Hektar – das sind 97 Prozent der Inselfläche – den Galapagos-Nationalpark. 1978 wurde Galapagos von der UNESCO zum Weltnaturerbe erklärt. 20 Jahre später wurde ein Meeresschutzgebiet eingerichtet, das mit 138 000 Quadratkilometern drittgrößte der Welt.

Zur gleichen Zeit verabschiedete der ecuadorianische Kongress das *Ley de Galapagos* – ein spezielles Gesetz zum Schutz dieser Inseln, das weitreichende Konsequenzen hatte. So wurde zum Beispiel die Zuwanderung zu den Inseln begrenzt. Dass ein freies Staatsgebiet nicht mehr frei besiedelt werden darf, um einen angrenzenden Nationalpark nicht zu gefährden, war weltweit ein Novum. 2001 wurde auch das Meeresschutzgebiet als Weltnaturerbe ausgewiesen. Damit hatte die Weltgemeinschaft im Namen der Vereinten Nationen die Bedeutung von Galapagos erkannt und der Inselgruppe zumindest formal den entsprechenden Status verliehen.

Gemeinsam betreiben die Charles-Darwin-Station und der Nationalpark Aufzuchtstationen für Riesenschildkröten. Unterstützung bekommen sie seit Jahrzehnten auch aus Frankfurt. Manche Unterart konnte so vor dem Aussterben bewahrt werden.

Mit der Charles Darwin Foundation und dem Nationalpark hatte man in den 1960er Jahren zwei Organisationen geschaffen, die in ihrem Zusammenwirken weltweit einzigartig sind: zum einen eine Nationalparkbehörde, direkt dem ecuadorianischen Umweltministerium unterstellt und offizieller Hausherr auf den Inseln, zum anderen eine private Stiftung, von internationalem Engagement getragen, zuständig für den Bereich Forschung und Schutz in ebendiesem Nationalpark.

Besonders zu Beginn gab es nur spärliche Mittel für den Naturschutz auf den Inseln. Wegen der akuten Finanznot nahm Eibl-Eibesfeldt 1968 Kontakt zu Bernhard Grzimek auf. Dieser hatte sich mit dem Sonderkonto »Hilfe für die bedrohte Tierwelt« der Zoologischen Gesellschaft Frankfurt damals einen Namen als pragmatischer Naturschützer gemacht, und so fiel das Anliegen der Galapagos-Schützer auf fruchtbaren Boden. Grzimek stellte der Foundation kurzerhand 10 000 Mark zur Verfügung – für damalige Verhältnisse eine beträchtliche Summe. Weder Grzimek noch Eibl-Eibesfeldt konnten ahnen, dass dies der Einstieg in eine außergewöhnliche und dauerhafte Zusammenarbeit sein sollte. Seit inzwischen fast vier Jahrzehnten fließen ununterbrochen Gelder für den Naturschutz von Frankfurt zu den fernen Inseln, bis heute mehr als drei Millionen Euro.

Einige der frühen Projekte, die mit den ersten Geldern aus Frankfurt umgesetzt wurden, gleichen in frappierender Weise den heutigen Aktivitäten. Ganz oben auf der Liste stand und steht bis heute die Bekämpfung eingeschleppter Arten, gefolgt vom Unterhalt der Charles-Darwin-Forschungsstation und dem Park sowie dem wichtigen Aspekt der Umweltbildung.

In anderen Bereichen ergaben sich jedoch für den Naturschutz unerwartete neue Herausforderungen. War es beispielsweise gelungen, die industrielle Fischerei aus dem Meeresschutzgebiet weitgehend zu verbannen, so boomte der Fischfang der Einheimischen. Durch die Verbindung zu asiatischen Märkten brachten Seegurken, Langusten und Haifischflossen Rekordeinnahmen in Millionenhöhe. Allein zwischen 1997 und 1999 stieg die Zahl der Fischerboote um 30 Prozent. Bei knapp 500 Booten und 1000 Fischereilizenzen wurde schließlich eine vorläufige Grenze gesetzt. Mit lautstarkem und mitunter gewalttätigem Protest

Der Zaun auf Santiago macht deutlich: Wo Ziegen ausgesperrt bleiben, erholt sich die üppige Vegetation. Auch die seltenen Scalesien-Pflanzen breiten sich wieder aus.

Erst wenn die eingeschleppten Haustiere beseitigt sind, hat die ursprüngliche Natur auf Galapagos wieder eine Chance. Das Fleisch geschossener Ziegen wird meist nicht verwertet. Zu kompliziert wäre der Transport in der Tropenhitze, und schließlich sollen die Nährstoffe auch dort bleiben, wo sie hergekommen sind.

Wie der Eingang zu einem Universitätskomplex muten die Gebäude der Charles-Darwin-Station auf Santa Cruz an. Rund 100 Mitarbeiter widmen sich hier der Erforschung und dem Schutz der Pflanzen und Tiere.

Seit fast einem halben Jahrhundert ist die internationale Charles Darwin Foundation eine bedeutende Größe auf Galapagos. Wichtig sind für sie die langfristige Unterstützung und Partnerschaft, wie sie seit den 60er Jahren mit der Zoologischen Gesellschaft Frankfurt besteht.

Graham Watkins, der Direktor der Charles Darwin Foundation, proklamiert eine neue Inselkultur der Nachhaltigkeit und des sorgsamen Umgangs mit den natürlichen Ressourcen. Nur so hat Galapagos eine Chance.

versuchten die Fischer ihre Vorstellungen von Quoten und Fangmethoden durchzusetzen. Die Bestände an Seegurken und Langusten nahmen drastisch ab. Haie wurden selten.

Goldrauschstimmung herrschte nicht nur bei den Fischern, sondern auch im Tourismus. In nur drei Jahrzehnten verzehnfachte sich der Besucherstrom auf 150 000 pro Jahr – zehnmal mehr als die ursprünglich festgesetzte Kapazitätsgrenze. Galapagos wurde zum Magnet und Einwanderungsgebiet. In nur zehn Jahren verdoppelte sich die Zahl der Bewohner, heute leben mehr als 27 000 Menschen auf den vier besiedelten Inseln. Das gut gemeinte Galapagos-Gesetz zeigte wenig Wirkung, da es nicht konsequent umgesetzt wurde. Energie, Frischwasser, Abfall wurden überall zum Problem, und der Kampf gegen invasive Arten wurde immer schwieriger.

Naturschutz auf neuen Wegen

Dr. Graham Watkins, Geschäftsführer der Charles Darwin Foundation, proklamiert mit Vehemenz einen neuen Ansatz im Naturschutz. »Wir müssen die Fronten aufbrechen zwischen den Nutzern und den Schützern und endlich gemeinsame Lösungen suchen. Wir brauchen eine Inselkultur der Nachhaltigkeit, und wir müssen den Zuzug vom Festland stoppen. Die Menschen müssen selbst erkennen, dass mit jedem Verwandten vom Festland die Kuchenstücke hier kleiner werden.« Land- und Wirtschaftsplanung, Umweltverträglichkeitsprüfungen und die Entwicklung gemeinsamer Gremien gehören daher zu den neuartigen Projekten von Park und Foundation.

Große Sorgen bereitet Watkins die Entwicklung im Tourismus: »Für Großinvestoren bietet Galapagos heute einen fruchtbaren Boden. Das Ziel begeisterter Naturreisender droht zu einem Massenbetrieb des Strand- und Erlebnistourismus zu verkommen. Damit verliert Galapagos seine besondere Stellung, und die einzigartige Pflanzen- und Tierwelt wird diesen Ansturm nicht verkraften. Auf Inseln kann es kein unbegrenztes Wachstum geben. Diese profane Erkenntnis zeigt sich hier jeden Tag und gilt doch für die ganze Welt.«

Graham Watkins stehen heute etwa 100 Mitarbeiter zur Seite, sein Etat umfasst knapp fünf Millionen Dollar. Aus der einst beschaulichen Biologischen Feldstation am Dorfrand von Puerto Ayora ist längst ein großes Zentrum mit Ablegern auf den anderen bewohnten Inseln geworden. Über mehrere Hektar verstreut, zwischen Kakteenhecken und Lavablöcken, liegen die höchstens zweistöckigen Gebäude. Das tropische Meeresklima mit Gluthitze, Regengüssen und Salzbrisen lässt Gebäude und Ausrüstung schnell altern, und so hat sich der Barackencharme der frühen Jahre teilweise erhalten. Ansonsten gleicht die Station mit den langen Fahrradreihen vor dem Hauptgebäude eher einem kleinen Universitätscampus. Bibliothek, Herbarium, Labore, Materiallager, Kantine, Schlafräume – all das passt gut in dieses Bild.

Die Tauchbasis ist schon eher ungewöhnlich, ebenso die Leguane, die sich auf den Fußabstreifern sonnen. Das Rechenzentrum ist vollgestopft mit Servern, Kabelsträngen, flackernden Bildschirmen und surrenden Klimaanlagen. Satellitenempfang ermöglicht schnelle Internetverbindungen. Vergessen und vorbei die Zeiten der 1990er Jahre, als die Kommunikation mit Frankfurt noch über das einzige Faxgerät auf der Insel lief. Es stand in der Bank, was zur Folge hatte, dass jeder Inselbewohner über den Inhalt der Schreiben bestens informiert war.

Viel Hightech findet sich auch im GIS-Center, wo die eingehenden Daten kartografisch erfasst und analysiert werden. Hier kann man auf Knopfdruck die Verteilung der Seelöwen im Jahresverlauf abrufen oder sehen, welche unzugänglichen Gebiete der Insel Santiago die Botaniker bei ihrer letzten Suche nach den seltenen Scalesienpflanzen aussparen mussten.

Befremdlich wird es in den Kellerräumen des Nachbargebäudes. Hier mischt sich der widerwärtige Gestank verschiedenster Giftcocktails mit dem süßen Geruch nach Erdnussbutter, einer von den Biologen häufig verwendeten Grundsubstanz für Köder. In langen Regalen stapeln sich Fallen unterschiedlicher Größe und Auslösetechnik. Daneben körbeweise Schälchen und Becher für die Giftmahlzeiten. Mit diesen Mitteln geht man gegen die große Welle unliebsamer Einwanderer vor. Lockstoffe für fliegende Insekten, Schlagfallen für Mäuse und Ratten, Giftköder für Feuerameisen.

Anfangs war es die exzessive Fischerei, die die Inseln und ihre Bewohner in Gefahr brachte. So lukrativ die Gewinnung und illegale Vermarktung von Haifischflossen ist, so grausam ist sie. Den Haien werden bei lebendigem Leib die Flossen abgeschnitten, dann wirft man die schwer verletzen Tiere zurück ins Meer.

In den Häfen drängen sich die Boote. Heute gilt der boomende Tourismus als größtes Problem der Inseln.

2001 lief der Tanker *Jessica* auf Grund, der Treibstoff für Touristenboote geladen hatte. Nur mit knapper Not entging man einer riesigen Katastrophe. Dies zeigt: Es sind die Nebenwirkungen, von denen oft die größte Gefahr ausgeht.

Die Gattung Scalesia (hier *Scalesia baurii)* ist endemisch für Galapagos, das heißt, es gibt sie nirgendwo sonst auf der Welt. Auf den verschiedenen Inseln des Archipels haben sich zwölf Arten innerhalb der Gattung entwickelt, weshalb diese busch- bis baumgroßen Verwandten der Gänseblümchen auch als Darwinfinken des Pflanzenreichs bezeichnet werden.

200 Meter weiter geht es fröhlicher zu. Im Besucherzentrum, der Van Straalen Hall, wird eine Schar Kinder, alle in ordentlicher ecuadorianischer Schuluniform, in die Besonderheiten der Galapagos-Inseln – ihrer Galapagos-Inseln – eingeführt. Hinter ihnen wartet schon eine japanische Touristengruppe auf die nächste Führung.

In Sichtweite liegt ein weiteres Gebäude, dessen Innenausstattung auch nicht so ganz einem Uni-Campus entspricht. Große Mischpulte, Bandmaschinen, Bildschirme. Hier werden tatsächlich Radio- und Fernsehsendungen produziert. Von hier aus werden wissenschaftliche Erkenntnisse in verständlicher Form verbreitet, oder es wird auch nur vom letzten Kinderfest auf der Außenstation auf Isabela berichtet. All dies soll dazu beitragen, ein neues Bild von Galapagos entstehen zu lassen. Einem Galapagos, wo Menschen gelernt haben, zusammen mit den ursprünglichen Inselbewohnern in Harmonie zu leben. In gegenseitigem Respekt und zum eigenen Nutzen. Einem Galapagos, das die Menschen heute noch genauso in seinen Bann zieht wie Charles Darwin vor über 170 Jahren. Einem Galapagos, von dem vielleicht wie damals neue, bahnbrechende Erkenntnisse ausgehen.

Für einen jedoch wird dieser Wandel wohl zu spät kommen. Für Lonesome George. Ganz aufgegeben hat man die Hoffnung zwar noch nicht. Natürlich haben die Mitarbeiter des Parks und der Foundation Georges Heimat, die Insel Pinta, intensiv nach einem Weibchen abgesucht. Aber eben nur so gut es ging. Die Galapagos-Inseln sind unwegsam. Dornengebüsch und messerscharfe Lava machen große Teile davon praktisch unzugänglich. Nicht ganz ausgeschlossen also, dass irgendwo ein Verwandter oder, besser, eine Verwandte von George versteckt überlebt hat.

Als Parkranger 1971 beim Ziegenabschuss auf Pinta George entdeckten, ging die Wissenschaft davon aus, dass diese Unterart bereits ausgestorben ist. 60 Jahre lang hatte man keine Riesenschildkröten auf Pinta mehr gefunden. Da man dort erfolglos blieb, wurde die Suche auf die ganze Welt ausgedehnt. Immerhin waren Hunderte von Galapagos-Schildkröten in die Zoos und Tierhaltungen der Welt verbracht worden. Ein Pinta-Weibchen hat man aber auch unter ihnen bisher nicht gefunden.

George wird auf knapp 90 Jahre geschätzt. Zumindest vom Alter her bleiben noch 50 bis 100 Jahre, um doch noch ein Weibchen für ihn zu finden. Bis dahin wird seine wichtigste Funktion darin bestehen, ein lebendes Mahnmal zu sein.

Nach dem Papayamahl hat er sich wieder zurückgezogen, Richtung Buschwerk. Noch einmal ertönt kurz das archaische Schleifen des Panzers auf den Lavabrocken. Dann ist es still.

Fragen an

Dr. Peter Kramer, Präsident der Charles Darwin Foundation

Warum bekämpft man heute mit Millionenaufwand neu auf die Inseln kommende Tiere und Pflanzen? Schließlich sind doch alle Galapagos-Bewohner einst eingewandert.

Unter natürlichen Bedingungen, das heißt ohne Transporthilfe durch den Menschen, gelang es über sehr lange Zeiträume nur wenigen Arten, diese isolierten Inseln zu besiedeln. Die erfolgreichen Besiedler passten sich an, entwickelten sich zu neuen Tier- oder Pflanzenformen und bildeten einzigartige Ökosysteme. Die Besonderheit dieser spezifischen Galapagos-Arten und -Ökosysteme ist bedingt durch die Abwesenheit sehr vieler anderer Arten, wie zum Beispiel aller großen Landsäugetiere, die es nie geschafft haben, ohne Hilfe durch den Menschen Galapagos zu erreichen. Heute hebt der Mensch diese biologische Isolation gewollt oder ungewollt teilweise auf. In vielen Fällen verdrängen die eingeschleppten Arten die ursprünglichen. Es geht also nicht darum, unbedingt jede Einwanderung zu verhindern. Das Ziel ist, die vom Menschen verursachte Einschleppung so gering wie möglich zu halten. Die entsprechenden Quarantänesysteme existieren, müssen aber noch verbessert werden.

Wenn Galapagos so wertvoll ist, warum stülpt man dann nicht einfach sozusagen eine Käseglocke darüber und lässt keine Menschen mehr hin?

Naturschutz, der nicht mit angepassten Formen der Nutzung einhergeht, lässt sich vor allem in Ländern, in denen die Bekämpfung der Armut oberstes politisches Ziel ist, nicht durchsetzen. Es ist auch politisch unmöglich, die dort ansässigen Menschen auszusiedeln. Der Umsatz des Galapagos-Tourismus beträgt heute etwa eine halbe Milliarde Euro pro Jahr. Zum einen kann und will man auf einen so bedeutenden Wirtschaftsfaktor nicht einfach verzichten, zum anderen kann ein wirklich naturorientierter Tourismus den Naturschutz fördern. Es geht darum, den Tourismus zu einem Faktor zu machen, der den Naturschutz begünstigt.

Auf Pinta, Santiago und Isabela hat man 140 000 Ziegen geschossen. Ist das nicht grausam? Woher nimmt man das Recht, eine Art zu töten, um anderen das Überleben zu sichern?

Kein Naturschützer tötet gern Tiere. Doch die Ziegen haben die einst grünen Inseln in Wüsten verwandelt und hätten langfristig auch selbst unter Hunger und Dürre gelitten, wie schon auf vielen anderen tropischen und subtropischen Inseln. Durch die Ziegen waren nicht nur die äußerst seltenen Riesenschildkröten vom Aussterben bedroht, sondern auch die besonderen Scalesienbäume und -büsche und viele andere Tiere und Pflanzen. Ziegen gibt es auf der Welt millionenfach – die Galapagosarten gibt es nur dort.

Wie hat man es geschafft, diese Inseln frei von Ziegen zu bekommen? Was ist mit dem vielen Ziegenfleisch passiert?

Das Ziegenprojekt war die bisher größte Insel-Renaturierungsmaßnahme weltweit. In sechs Jahren wurden 10 Millionen Dollar investiert. 50 Jäger und über 80 Jagdhunde wurden ausgebildet. Die erste Jagdphase erfolgte mit Hubschraubern, die letzte mit sogenannten Judasziegen, die sterilisiert sind, Senderhalsbänder tragen und als soziale, also in Gemeinschaft lebende Tiere die Jäger zu den letzten wilden Ziegen führen. Die Kadaver verblieben vor Ort. In dem unwegsamen Lavagelände hätte man sie gar nicht abtransportieren können. Schließlich haben die Ziegen ja alle Nährstoffe von den Inseln aufgenommen. Die sollten auch dort bleiben.

10 MANU UND PURUS | PERU
SCHAUSPIEL REGENWALD

PERU
BRASILIEN
BOLIVIEN
CHILE
Iquitos
Amazonas
Marañón
Piura
Chiclayo
Trujillo
Pucallpa
Río Ucayali
Juruá
Rio Purús
Rio Branco
Huascarán
6768
A
n
d
e
n
Pazifischer
Ozean
LIMA
Huancayo
Alto-Purús-
Nationalpark
Río Purús
Río las Piedras
Manu-
National-
park
Río Manu
Río Madre de Dios
Boca Manu
Puerto
Maldano
Cuzco
Arequipa
Illampu
6421
Titicaca-See
La Paz
Oruro
Arica
N
0
50
100 km
PANAMA
VENEZUELA
GUYANA
SURINAME
FRANZ. GUAYANA
KOLUMBIEN
ECUADOR
BRASILIEN
PERU
BOLIVIEN
Pazifischer
PARAGUAY
CHILE
URUGUAY
Ozean
ARGENTINIEN
Atlantischer
Ozean

»Der Einzige, der einen Ozelotpelz wirklich braucht, ist der Ozelot.«

BERNHARD GRZIMEK, 1974

Schauspiel Regenwald

Kaum eine Region auf der Welt ist so unbekannt und wenig erforscht wie die Ostabhänge der Anden und die angrenzenden Tieflandregenwälder. Hier schlummert eine Artenfülle sondergleichen. Und dort leben die allerletzten unkontaktierten Waldindianer. Unsere Generation wird daran gemessen werden, wie viele Schätze wir kommenden Generationen hinterlassen haben.

Spiegelglatt und dunkelgrün liegt der See da. Nebelschwaden ziehen über das Wasser und breiten einen geheimnisvollen Schleier über die gähnende Leere. Grüne Vorhänge schieben sich von beiden Seiten auf die Bühne, Netze aus verwobenen Lianen, Ästen und Blättern, aus Riesengras und Palmwedeln. Man möchte meinen, jemand hätte vergessen, den Vorhang ordentlich aufzuziehen, den Blick freizugeben auf die Hauptdarsteller. Doch von denen fehlt noch jede Spur. Dafür hat sich bereits Publikum eingefunden. Unter den ausladenden Ästen eines Feigenbaums erwarten Jessica Groenendijk und Frank Hajek in ihrem kleinen grauen Schlauchboot gespannt den Beginn der Vorstellung.

Die ZGF-Mitarbeiter haben in den vergangenen acht Jahren unzählige solche Matineen an den abgelegenen Altarmen im peruanischen Regenwald besucht. Langweilig wurde ihnen dabei nie. Und schließlich sind sie ja nicht nur zum Zeitvertreib hier, sondern haben einen Auftrag zu erfüllen. Heute haben sie einen Logenplatz und sind voller Hoffnung.

Noch ist es still und mit 20 Grad angenehm kühl an diesem jungen Morgen. Beim ersten Dämmerlicht haben die Brüllaffen den herannahenden Tag lauthals angekündigt und sind dann, als er nicht mehr aufzuhalten war, plötzlich verstummt. Jetzt setzt nur noch ein Tukan mitunter einen kreischenden Akzent. Schichtwechsel im Regenwald. Wer als Nachtjäger hungrig geblieben ist, wird es auch den Tag über bleiben. Hinter der Bühne, wo menschliche Zuschauer kaum Zutritt haben, verkriecht sich vielleicht gerade ein Wickelbär im Blätterdach, und ein Gürteltier rutscht in seinen Erdbau. Totenkopfäffchen schütteln sich die nasse Nacht aus dem Fell und machen die ersten Sprünge. Eine leichte Brise lässt die Blätter rauschen, der Vorhang flattert. Rasch ist die Sonne gestiegen, schon brechen die ersten Strahlen durch das Kronendach und beleuchten die morgendliche Szenerie. Wer auch immer dieses Stück geschrieben hat, war ein Meister seines Fachs.

Und mit einem Mal sind sie da, die Hauptdarsteller. Eben erst hat die Wasseroberfläche sich leicht gekräuselt, jetzt scheint es dort zu brodeln. Schlanke, dunkelbraune Körper schießen wie Delfine aus der grünen Brühe und sind einen Lidschlag später wieder verschwunden. Unvermittelt tauchen sie an anderer Stelle wieder auf. Das laute Platschen beim Eintauchen übertönt dennoch nicht den schweren Atem der Akteure. Funkelnde Juwelen aus Wassertropfen werden in alle Richtungen geschleudert, wenn sie beim Auftauchen kurz den Kopf schütteln.

VORAUSGEHENDE DOPPELSEITE:
Wie eine Schlange windet sich der Urwaldfluss in seiner Niederung. Unberührte, endlos scheinende Wildnis erstreckt sich an seinen Ufern. Das ganze Flusssystem des Manu, von der Quelle bis zur Mündung, ist durch einen Nationalpark geschützt.

FOLGENDE DOPPELSEITE:
Am Oberlauf des Madre de Dios stauen sich die Regenwolken an den Vorbergen der Anden. Etwa die Hälfte aller Niederschläge entsteht in den Regenwäldern durch Verdunstung. Ohne Wald trocknen ganze Regionen aus.

Die Riesenotter *(Pteronura brasiliensis)* besitzen individuelle Kehlflecke. Damit lassen sich die Tiere unterscheiden und genau zählen. Mitunter können ganze Lebensgeschichten verfolgt werden.

Jessica Groenendijk und Frank Hajek beobachten die Riesenotter aus großer Entfernung. So können sie sicher sein, dass die Tiere sich natürlich verhalten und nicht nur auf die Beobachter reagieren.

RECHTE SEITE:
In den südamerikanischen Regenwäldern befindet sich ein Großteil der Nährstoffe in der lebenden Vegetation. Die Böden sind meist nährstoffarm und für eine intensive Landwirtschaft nicht geeignet.

Plötzlich fällt einer von ihnen aus der Rolle: Wie ein untergetauchter Korken ploppt er aus dem Wasser und hält einen weiß blitzenden Fisch zwischen den großen Vorderpfoten. Noch windet sich der Salmler im Todeskampf. Doch große, krallenbewehrte Hände mit Schwimmhäuten wie Handschuhe verhindern jegliches Entkommen. Schmatzlaute künden vom schnellen Ende des Fischs. Erst jetzt, als der Meisterjäger in Rückenlage paddelt und genüsslich seine erste Frühstücksportion verzehrt, werden weitere Einzelheiten erkennbar: der kleine, abgeflachte Kopf, kaum größer als eine Boxerfaust, mit leicht vorgewölbten Augen, die ausladenden Schnurrbarthaare – Antennen für die Jagd im Trüben –, der behaarte Nasenspiegel und der helle, unregelmäßig geformte Fleck an der Kehle. Weitere eindrucksvolle 1,70 Meter sind im Wasser verborgen. Der breite Ruderschwanz und der muskulöse Körper, der ihn zu einem Riesen unter seinesgleichen macht. An Körperlänge überragt er die meisten erwachsenen Menschen, vom Gewicht her ist er einem großen Hund ebenbürtig. In seiner Eigenschaft als Raubtier gehört er zur Spitzenklasse, mit seinem hoch entwickelten Sozialverhalten und seiner Lebensweise in Familiengruppen ist er ein Sonderfall. Und die Jagd im Rudel, deren erster Erfolg an diesem Morgen gerade zwischen den gewaltigen Fangzähnen verschwindet, hat ihm seinen spanischen Namen eingebracht: *lobo del río* – Flusswolf. Der Riesenotter.

Für Jessica und Frank hat die Ottergruppe an diesem Morgen bereits ein perfektes Schauspiel geboten. Am liebsten würden sie Beifall klatschen, halten sich aber zurück. Sehen, ohne selbst bemerkt zu werden – so steht es in ihrer Zuschaueranleitung. Von der ersten Sekunde an hat Frank die Videokamera dorthin gerichtet, wo Turbulenzen an der Wasseroberfläche die Darsteller ankündigten. Jessica nimmt die ersten auftauchenden Otter mit dem Fernglas ins Visier und gibt Frank flüsternd Anweisungen.

Ihre Aufgabe an diesem Morgen besteht darin, den Kehlfleck von möglichst allen Tieren auf Film festzuhalten. Hört sich einfach an, ist es aber bei den agilen Tieren keineswegs. Da dieser Kehlfleck individuell unterschiedlich ist, dient er als eine Art überdimensionaler Fingerabdruck. Später werden die beiden Wissenschaftler die Aufnahmen in stundenlanger Arbeit auswerten und ihre Kehlfleckdatei ergänzen. Wie bei einem Puzzlespiel werden sie die bruchstückhaften Informationen zu einem umfassenden Bild zusammen-

Mit fast zwei Metern Körperlänge gehören die Riesenotter neben Jaguaren und Pumas zu den Großraubtieren des Regenwaldes.

RECHTE SEITE:
Jagd in der Gruppe, gemeinsame Höhlen, gegenseitige Fellpflege, Babysitter, Geschwisterhilfe – die Riesenotter haben ein hoch entwickeltes Sozialsystem und verhalten sich in der Familiengruppe überaus friedlich.

tragen: Wie viele der stark bedrohten Riesenotter leben im Südosten Perus? Wie entwickelt sich ihre Population? Wo geht es ihnen gut und wo schlecht und warum?

Dieses Schauspiel, das täglich in den Altarmen des Rio Manu stattfindet, war einst fester Bestandteil unzähliger »Wasserbühnen«, von Venezuela über das gesamte Amazonische Becken bis nach Nordargentinien. Kaum 50 Jahre ist es her, dass der Mensch sich anschickte, es in eine Tragödie umzuschreiben. Der feine, kurzhaarige Pelz der Otter war, zu luxuriösen Mänteln verarbeitet, in den Flanierzeilen der Metropolen hoch begehrt. Monatslöhne, ja sogar Jahresgehälter gingen über den Tisch, wenn Riesenotterfelle gehandelt wurden. Nur so ist zu erklären, dass Jäger teils wochenlange, äußerst strapaziöse und gefährliche Märsche und Bootsfahrten auf sich nahmen, um auch in den entlegensten Regionen Riesenotter aufzuspüren. Allein aus Peru wurden zwischen 1946 und 1971 mehr als 20 000 Felle exportiert.

Im letzten Moment, als sich der Vorhang zum letzten Akt hob und einer der eindrucksvollsten Beutegreifer des Regenwalds schon fast von der Weltbühne verschwunden war, wurde der Jagd ein Riegel vorgeschoben. Seit 1973 werden Riesenotter im Zusatz 1 des Washingtoner Artenschutzabkommens geführt. Der internationale Handel mit Otterfellen ist streng verboten, und fast im gesamten ehemaligen Verbreitungsgebiet stehen die Tiere heute unter Schutz. Ob das bedeutet, dass die Otter noch einmal davongekommen sind, ist freilich noch längst nicht sicher.

Rettungsprojekt Riesenotter

Um mehr über die nahezu unbekannten Akteure in den Gewässern Amazoniens zu erfahren, um akute Gefährdungen zu erkennen und gegebenenfalls ausschalten zu können, rief die ZGF 1990 das Projekt »Riesenotter« ins Leben. Zu Beginn verbrachten die Biologen Christof Schenck und Elke Staib fast drei Jahre in den weglosen Weiten der Flussgebiete im peruanischen Tiefland, später folgten mehrmonatige Arbeitsaufenthalte pro Jahr. 1998 gaben sie dann den Staffelstab an Jessica und Frank weiter, die sich in den folgenden acht Jahren der Otter und ihres Lebensraums annahmen.

Die Untersuchungen von Staib und Schenck mündeten in zwei Doktorarbeiten. Endlich wusste man mehr über die Flusswölfe: Sie leben in hoch entwickelten Familiengruppen von bis zu zehn Tieren und bevorzugen die Altarme der großen Flüsse. In den fischreichen Gewässern kommen sie als perfekte Unterwasserjäger mit bescheidenen 100 Hektar Streifgebiet zurecht. Ihr Territorium markieren sie offenbar »unüberriechbar« mit Kot und Urin, Nachbarschaftskämpfe gibt es kaum. Ältere Geschwister agieren als Babysitter für den Nachwuchs.

Zur Verständigung dient den Tieren eine Vielzahl an Lauten, mit denen sie sogar unter Wasser kommunizieren. Größere Gruppen sind erfolgreicher bei der Aufzucht von Jungtieren und bei der Jagd. Mit zwei, drei Jahren verlässt der Nachwuchs die Familie und begibt sich auf Wanderschaft – auf die Suche nach

Blühende Bäume verwandeln den Wald in ein farbenprächtiges Bild.

An Colpas, nährstoffhaltigen Abbruchkanten am Flussufer, sammeln sich Grünflügelaras, um wichtige Mineralien aufzunehmen.

Klammeraffen *(Ateles belzebuth chamek)* sind durch Jagd schnell gefährdet. Ihr Vorkommen, wie hier im Manu-Nationalpark, deutet meist auf intakte Lebensgemeinschaften hin.

einem eigenen Streifgebiet und einem Partner fürs Leben. Auf sich selbst gestellt und ohne festen Wohnsitz überleben viele Jungotter diese Zeit nicht. Ob Einzelgänger oder Gruppenmitglied, ob jung oder alt, der Speiseplan ist eintönig. Mehr als 90 Prozent ihrer Nahrung, so haben Kotanalysen ergeben, bestehen aus Fisch, zwei Drittel davon aus nur zwei Fischarten. Beeindruckend dagegen ist die tägliche Menge: Etwa vier Kilo vertilgt ein Otter pro Tag. Auf den Menschen übertragen würde das bedeuten, dass wir rund zehn Kilo Fleisch pro Tag verspeisen müssten. Auch über die Lebensdauer hat die Kehlfleckdatei Aufschluss gegeben: Otter werden etwa 13 Jahre alt.

Und noch etwas haben die Untersuchungen deutlich gemacht: Riesenotter sind echte Bioindikatoren. Sie zeigen an, wie es um ihren Lebensraum steht. Die Formel ist einfach: Gibt es intakte Riesenotterbestände in den Gewässern des südamerikanischen Tieflands, dann ist die Welt dort noch in Ordnung. Sind sie verschwunden, läuft etwas schief.

Dass die Flusswölfe so gute »Zeigerorganismen« sind, hat vielfältige Gründe. Als große tagaktive Tiere gehören sie zu den wenigen Säugetieren des Regenwalds, die man überhaupt zu Gesicht bekommt. Anhand der Kehlfleckmuster lassen sich Doppelzählungen vermeiden, und man erhält ein genaues Bild der Bestände. Als Fischjäger sind Riesenotter eng an Gewässer gebunden. Ihr Lebensraum sind Flüsse mit Altarmen, Seen und Sumpfland. Im Tieflandregenwald sind Flüsse aber auch die ersten Siedlungsgebiete des Menschen und dienen im straßenlosen Wald als wichtige Transportwege. Wann immer die Zivilisation sich ausbreitet – ob in Form von Jagd und Fischerei, Holzeinschlag, Ackerbau, Viehzucht, Goldwäscherei oder Tourismus –, geschieht dies entlang der Flüsse, und die Otter gehören zu den ersten Leidtragenden. Da die Hälfte der örtlichen Niederschläge durch Verdunstung im Regenwald entsteht, führen große Rodungen immer dazu, dass die Tropenschauer abnehmen. Weniger Wasser in den Flüssen ist die Folge, und wieder trifft dies vor allem den Lebensraum der Riesenotter. Als große Beutegreifer stehen sie am Ende der Nahrungskette. Von Umweltgiften, etwa dem Quecksilber aus der Goldgewinnung, sind sie daher ganz besonders betroffen. Jahrzehntelange Verfolgung hat sensible Flüchtlinge aus ihnen gemacht. Wo immer der Mensch ihnen auf den Pelz rückt, und sei es nur in Form knipsender Touristen, räumen die Otter das Feld. Im Umkehrschluss heißt das: Regionen mit intakten Riesenotterbeständen müssen echte Wildnisgebiete sein. So wie der Manu-Fluss im Südosten Perus.

In der Schatzkammer des Lebens

In der Tat gehört der Manu-Purus-Nationalparkkomplex im Südosten Perus, im Dreiländereck zwischen Bolivien und Brasilien, nicht nur zu den größten Schutzgebieten, sondern auch zu den ursprünglichsten Regionen dieser Erde. Die steil auf 5000 Meter ansteigenden Anden im Westen, vorgelagerte Hänge und Bergketten mit undurchdringlichem Bergnebelwald, Stromschnellen am Unterlauf der Flüsse und scheinbar endlose Regenwaldebenen in Richtung Osten zum Amazonasbecken hin haben diese Gebiete jahrhundertelang vor intensiver Besiedelung geschützt. Im Herzen der Region liegt eine der wichtigsten Wasserscheiden Amazoniens. Gleich vier mächtige Amazonaszuflüsse entspringen hier: Madeira, Purus, Yuruá und Ucayali. Das Relief eines dazwischenliegenden Höhenzugs, der nur wenige Hundert Meter aus dem grünen Tiefland ragt, bestimmt, ob das Regenwasser nach Norden, Osten, Nordwesten oder Süden fließt – und sich erst viele Tausend Kilometer weiter mit dem Amazonas, dem größten Süßwasserstrom dieser Erde, vereinigt.

Biologen geraten ins Schwärmen, wenn sie auf diesen *hot spot*, dieses Zentrum der Biodiversität, angesprochen werden. Unabhängig davon, welche Gruppe von Organismen sie sich bisher vorgenommen haben, fast immer kam bei der Anzahl der Arten ein Weltrekord oder zumindest einen Spitzenplatz heraus. Das fängt schon bei den Bäumen an. Mehr als 220 Baumarten pro Hektar, das sind etwa zehnmal so viel wie im Durchschnitt in einem europäischen Mischwald. Im kaum untersuchten Purus-Gebiet fanden Botaniker insgesamt rund 800 Baumarten und, wie am Rio Manu, bedeutende Vorkommen des Mahagoni-Baums, der wertvollsten Hartholzart der südamerikanischen Regenwälder. In ganz Amazonien ist diese Art inzwischen selten geworden – ihr Vorkommen ist immer ein sicherer Hinweis auf unberührte Wälder.

Über 1200 Tagschmetterlingsarten identifizierten Entomologen in einem 10 000 Hektar großen Versuchsgelände – das sind zehnmal so viel wie in Deutschland. Rekorde gibt es auch bei den Säugetieren: 79 Arten im Purus-Gebiet, 86 Arten um die Biologische Station Cocha Cashu im Manu-Nationalpark. Etwa zwei Dutzend davon stehen auf den internationalen »roten Listen« der vom Aussterben bedrohten Arten. Geradezu unvorstellbar wird die Vielfalt, wenn man sich die Auflistungen der Ornithologen ansieht. Knapp 1000 Vogelarten sind inzwischen für den Manu-Nationalpark aufgeführt. Das bedeutet, dass jede zehnte Vogelart der Welt dort anzutreffen ist.

Kaiserschnurbarttamarine *(Saguinus imperator)* verdanken ihren Namen der Ähnlichkeit mit Kaiser Wilhelm II. Ihre Kleingruppen werden von einem Weibchen geführt.

Diese Lanzenotter *(Bothriopsis bilineata smaragdina)* fürchten die Einheimischen besonders, weil sie gut getarnt im Buschwerk lauert. Ihr Gift ist außerordentlich stark. Zum Glück sind Unfälle jedoch eher selten.

In den Regenwäldern am Manu und Purus leben gut ein Dutzend Affenarten, mehr als hundert Feldermaus- und fast tausend Vogelarten. Zu den Insekten gibt es nicht einmal Schätzungen. Es können mehrere Zehntausend oder sogar Millionen sein. Diese Kurzfühlerschrecke *(Omura congrua)* ist besonders bizarr.

Artenzahl und Artenschwund

Kein Wunder also, dass Untersuchungen am Manu zu einer völlig neuen Einschätzung des weltweiten Artenbestands führten. Nach Jahrhunderten biologischer Forschung ging man davon aus, dass etwa zwei bis maximal drei Millionen Arten unseren Planeten bevölkern. Mit neuen Zählmethoden stellten der amerikanische Insektenkundler Professor Terry Erwin und seine Mitarbeiter vom renommierten Smithsonian Institute ganz andere Berechnungen auf. Angeseilt wie im Hochgebirge, kletterten sie auf die Urwaldriesen am Ufer des Manu und begasten diese mit einem biologisch abbaubaren Insektizid. Wie dicke Regentropfen prasselten daraufhin Laufkäfer, Spinnen, Hummeln, Bienen, Ameisen, Skorpione und andere Tierchen auf die am Boden ausgelegten Sammeltücher. Die Ausbeute stellte sogar die kühnsten Erwartungen in den Schatten. Erwin und sein Team fanden bei jeder Begasungsaktion so viele neue Arten, dass sie sich daran machten, den hypothetischen Bestand neu zu berechnen. Selbst bei einer vorsichtigen Interpretation der Ergebnisse und einer zurückhaltenden Hochrechnung landeten sie beim Zehnfachen des bisherigen Schätzwertes – bei rund 20 Millionen Pflanzen- und Tierarten. Etwa die Hälfte davon sind Insekten, und die meisten von ihnen leben in den tropischen Regenwäldern.

Damit war nicht nur bestätigt, dass die Regenwälder zu den größten biologischen Schatzkammern gehören. Mit diesen Zahlen bekam auch die Vernichtung der tropischen Wälder eine neue, erschreckende Dramatik. Mehr als die Hälfte aller Regenwälder sind bereits der Säge oder gezielt gelegtem Feuer zum Opfer gefallen. Der jährliche Schwund beträgt etwa 20 000 Quadratkilometer. Damit stirbt eine Vielzahl von Organismen aus, bevor wir sie überhaupt kennengelernt haben. Ausgehend von Artenvielfalt und Vernichtungsrate der Tropenwälder hat eine Hochrechnung ergeben, dass pro Tag 70 bis 300 Arten aussterben.

Waldnomaden

Doch mit der Vernichtung der Wälder geht nicht nur eine ungeahnte Fülle an Pflanzen und Tieren unwiederbringlich verloren. Auch die letzten Naturvölker verschwinden. Menschen, die in sehr geringer Siedlungsdichte über Jahrtausende im Einklang mit der Natur gelebt haben. Als Bestandteil der Natur, nicht als ihre Beherrscher. Im Manu-Purus-Gebiet lebt heute noch eine unbekannte Anzahl unkontaktierter Waldindianer.

Der Spix's Hornfrosch *(Hemiphractus scutatus)* ist ein nachtaktiver Bodenbewohner. Das Weibchen trägt die wenigen großen Eier auf dem Rücken, bis sich daraus Jungfrösche entwickelt haben.

Aus der Nähe gefährlich wirken, aus der Ferne unsichtbar sein – das ist die Taktik der Langfühlerschrecke mit ihrer grün-gelben Farbgebung.

Sollte die Tarnung der Blattheuschrecke auffliegen, tritt Plan B in Kraft: mit großen Scheinaugen und grellen Farben erschrecken. *Pterochroza ocellata* ist ein Meister darin.

Fressen und gefressen werden lautet ein Dschungelgesetz. Täuschen und tarnen ein anderes. Hier fiel eine Libelle einer Raubspinne zum Opfer.

LINKE SEITE:
Die Schlanknatter *(Leptophis ahaetulla)* setzt bei dieser Drohgebärde mit weit aufgerissenem Maul auf Angriff und Bluff. In Wirklichkeit ist sie ungiftig und lauert Fröschen, Echsen und kleinen Vögeln auf.

VORHERGEHENDE DOPPELSEITE:
Der Manu-Pfeilgiftfrosch *(Ameerega macero)* trägt eine geradezu unglaubliche Farbkomposition. Ihn gibt es nur in der Manu-Purus-Region; der Artname *macero* stammt aus der Sprache der Machiguenka-Indianer und bedeutet schlicht Frosch.

Der baumbewohnende Stelzenläuferleguan *(Tropidurus plica)* hat seine Tarnung perfektioniert – um Beute zu überraschen, aber auch um sich vor Fressfeinden zu schützen.

Hier lauert ein junger Brillenkaiman *(Caiman crocodilus)* zwischen Pistia-Schwimmpflanzen am Ufer eines Altarms. Kaimane wurden früher wegen ihrer Haut stark gejagt. Sie können bis zu 100 Jahre alt werden.

RECHTE SEITE:
Die Harpyie ist der größte tropische Waldadler, massiv gebaut und mit einer Flügelspannweite bis zu zwei Metern. Sie kann sogar Brüllaffen aus den Bäumen greifen.

Ihre natürliche Siedlungsdichte wird auf weniger als 0,0002 Einwohner pro Hektar geschätzt. Unkontaktiert heißt in diesem Fall: ohne Kontakt zur Außenwelt, ohne Handel, ohne die Kenntnis von Metall, ohne Einflüsse von außen. Menschen wie in der Steinzeit.

Eigentlich weiß man so gut wie nichts über sie. Nicht einmal ihre Sprachzugehörigkeit ist bekannt. Ethnologen gehen von mindestens acht verschiedenen ethnischen Gruppen aus, aber sicher ist man nicht. Einige Gruppen werden den Yaminahuas zugerechnet, andere den Machiguenkas, wieder andere den Mashco Piros. Nomadisierend ziehen sie in kleinen Gruppen durch den Wald, sind wegen des geschlossenen Kronendachs weder von Satelliten noch vom Flugzeug aus zu erspähen. Ab und zu kommt es doch zu unfreiwilligen Kontakten, meist mit illegal arbeitenden Holzfällern. In der Regel verschwinden die unbekleideten Waldindianer sogleich wie Geisterwesen im grünen Dickicht.

Es gibt aber auch Ethnien, die durchaus wehrhaft auftreten, andere Indianerdörfer überfallen und bei plötzlichen Kontakten sofort zu Pfeil und Bogen greifen. Auch Jessica und Frank trafen bei ihren Expeditionen immer wieder auf Spuren der *indígenas non-contactados*. »Abgeknickte Ästchen sind ein Hinweis«, berichtet Jessica. »Damit orientieren sich die Waldmenschen im grünen Labyrinth. Manchmal haben wir auch verlassene Hütten aus Palmblättern gefunden oder Überbleibsel von der Jagd, zum Beispiel Schildkrötenpanzer, Schalen aus Schildkröteneiern oder Tierknochen. Natürlich sind wir dann immer gleich umgekehrt.« Und Frank ergänzt: »Wahrscheinlich ist dies hier einer der letzten Flecken auf der Welt, wo es noch solche Völker gibt. Menschen, die ganz nach den Gesetzen der Natur leben. Und mit großer Sicherheit sind wir die letzte Generation überhaupt, die so etwas noch miterleben kann.«

Die peruanische Regierung hat zum Schutz der letzten Naturvölker große Sperrgebiete eingerichtet. Regionen für *indígenas en aislamiento voluntario*, für einheimische Völker in selbst gewählter Isolation. Ob diese Gebiete jedoch auf Dauer Bestand haben, ist mehr als zweifelhaft.

Doch nicht nur unbekannte unkontaktierte Indianer leben im Einzugsgebiet des Manu-Flusses. In der Kernzone des Parks gibt es auch zwei bekannte Machiguenka-Gemeinden mit etwa 400 Einwohnern. Noch

Ein Tapir strebt in der Morgendämmerung dem schützenden Wald zu. Tapire sind die größten Landsäugetiere in den südamerikanischen Regenwäldern. Auf dem Rücken reitet ein Riesenkuhstärling *(Molothrus oryzivorus)*. Wie der Kuckuck legt er seine Eier in die Nester fremder Vögel.

Die tropischen Waldschildkröten *(Geochelone denticulata)* gehören zur bevorzugten Beute von Jaguaren. Aber auch Siedler und Indianer stellen ihnen nach und haben sie mancherorts bereits stark dezimiert.

RECHTE SEITE:
Schmetterlinge saugen an den Augen der Terekay-Schienenschildkröten *(Podocnemis unifilis)* salzige Tränenflüssigkeit – ein Zeichen für den Nährstoffmangel im Tropenwald.

leben sie weitgehend traditionell von dem, was der Wald und das Wasser zu bieten haben. Sie jagen mit Pfeil und Bogen und fällen Bäume mühsam mit der Axt. Doch die Neuzeit hat Einzug gehalten. Inzwischen gibt es Boote mit Außenbordmotor, Netze für den Fischfang, Felder mit Maniok und Mais. Die Kinder lernen in einer Schule vor Ort Spanisch und die peruanische Nationalhymne, und die Erwachsenen unterhalten eine kleine Lodge in der Tourismuszone des Parks.

Professor John Terborgh, Tropenökologe und Leiter der weltberühmten Biologischen Station Cocha Cashu im Manu-Park, weist schon seit Jahren auf bevorstehende Probleme hin. »In wenigen Jahren hat sich die Bevölkerung dieser beiden kleinen Gemeinden verdoppelt. Gleichzeitig steigen die Bedürfnisse. Man kann es diesen Menschen nicht verdenken, dass sie Bäume lieber mit der Motorsäge fällen und Tiere lieber mit der Schrotflinte jagen. Schließlich haben alle unsere Vorfahren versucht, sich das Leben besser und einfacher zu machen, und das ging überall auf Kosten der Natur«, so seine Analyse. »Ein derart sensibles Ökosystem mit so wenigen Nutzungsmöglichkeiten wie der tropische Regenwald wird das nicht verkraften. Menschen in der Kernzone eines so bedeutenden Nationalparks – das kann auf die Dauer nicht gut gehen.«

Terborghs Lösungsvorschlag für dieses Problem zielt in eine neue Richtung. Bildung, das hat er in vielen Gesprächen mit den Machiguenkas erfahren, steht ganz oben auf ihrer Wunschliste. Längst haben sie erkannt, dass Bildung der Schlüssel zu der ihnen fremden Welt ist, und sie verbinden damit die Hoffnung auf eine bessere Zukunft für ihre Kinder. Eine völlig neue Art von Schule, in der die kulturelle Identität dieser Indianervölker ebenso bewahrt wird wie ihr immenses Wissen über die Pflanzen und Tiere des Waldes und die ihnen gleichzeitig behutsam den Weg in die Zivilisation eröffnet – das, in Kombination mit Landtiteln außerhalb des Parks, ist Terborghs Vision. Landrechte und Bildung, so die Überlegung, müssten Anreiz genug sein, den Park freiwillig zu verlassen und somit die Integrität des Nationalparks als Weltnaturerbe zu bewahren. Die ZGF unterstützt diesen Ansatz, in einer schwierigen Situation neue Wege zu gehen und mit den betroffenen Menschen akzeptable Lösungen zu entwickeln. In anderen Bereichen ist dies zum Glück schon gelungen.

Dem selektiven Edelholzeinschlag folgen oft Brandrodung und Ackerbau. Dies hat einen deutlichen Einfluss auf das Weltklima.

Riesenotter und gefleckte Katzen erzielten im Fellhandel einst Höchstpreise. Längst sind sie überall geschützt, und der Handel ist verboten. Dennoch tauchen immer wieder frische Felle auf.

Touristen bringen den chronisch unterfinanzierten Parks dringend benötigte Einnahmen. Nur wenn der Tourismus fachkundig organisiert ist, können auf Dauer alle profitieren, vor allem die Natur.

Die Machiguenka-Indianer im Inneren des Manu-Parks leben noch weitgehend traditionell, doch auch sie wollen sich weiterentwickeln und an den Errungenschaften der Zivilisation teilhaben.

Tourismus – Fluch und Segen

Naturtourismus gehört zu den wenigen wirtschaftlichen Aktivitäten, die sich auch mit den strengsten Schutzgebietskategorien, wie zum Beispiel den Nationalparks, vereinbaren lassen – sofern dieser Tourismus gut organisiert ist. Der tropische Regenwald ist allerdings nicht gerade ein Tourismus-Dorado. So sehr er hartgesottene Biologen begeistert, so unangenehm und anstrengend präsentiert er sich dem Durchschnittsbesucher. Die Anreise in die Waldgebiete ist meist lang und beschwerlich. Es ist heiß, regnet häufig und überaus heftig, was zu einer drückenden Luftfeuchtigkeit führt, die dem Kreislauf zusetzt. Stechende Blutsauger sind allgegenwärtig und übertragen auch noch eine Reihe äußerst unangenehmer und gefährlicher Krankheiten wie beispielsweise Malaria oder Leishmaniose. Und von der überbordenden Artenfülle, von der die Wissenschaftler stets schwärmen, bekommt man kaum etwas zu Gesicht. Die Vegetation ist so dicht, dass sich der forschende Blick nach wenigen Metern im Einheitsgrün verliert. Die meisten Tierarten sind selten, scheu und noch dazu nachtaktiv. Doch eine imposante Ausnahme gibt es: den Riesenotter.

Die Konzentration dieser Tiere auf wenige offene Gebiete wie die Altarme, ihre ausschließliche Tagaktivität, ihr imposantes Treiben – all das macht die Flusswölfe zu Attraktionen für den Tourismus. Eine Rolle, für die sie nur bedingt geeignet sind. Die Forschungen im Rahmen des ZGF-Projekts haben gezeigt, dass sowohl die Riesenotter wie die Touristen beim Zusammentreffen einem folgenschweren Missverständnis unterliegen.

Riesenotter nähern sich Kanus auf den Altarmen bis auf wenige Meter. Laut prustend – das ist ihr Warnlaut – umkreisen sie das Boot und versuchen den Eindringling zu vertreiben. Genauso reagieren sie auch auf große Mohrenkaimane, die ihnen auf den Pelz rücken. Doch im Gegensatz zu einem Kaiman lässt sich ein Touristenboot nicht verscheuchen. Im Gegenteil: Um noch bessere Fotos zu bekommen, versuchen die Touristen, sich den Tieren noch mehr zu nähern. Die Otter sehen sich einem unbezwingbaren Feind gegenüber und treten den Rückzug an. Sie werden nicht nur in ihrem normalen Tagesablauf gestört – mitunter verlassen sie sogar ihr angestammtes Gebiet.

Und die Touristen? Auch die irren sich. Sie halten die eindrucksvollen Tiere für besonders zahm und zutraulich; schließlich schwimmen sie ja aus freien Stücken auf die Boote zu. Fatal wirken sich solche Begeg-

nungen in der Zeit der Jungenaufzucht aus – und die liegt ausgerechnet in der Trockenzeit, in der Tourismus-Hauptsaison. Sind Riesenotter-Babys in den Höhlen am Ufer, reagieren die erwachsenen Tiere besonders empfindlich, und die Weibchen geraten in Stress. Dies kann, wie man auch aus Zoozuchten weiß, tragische Folgen haben. Manchmal versiegt bei gestressten Ottermüttern die Muttermilch, und der Nachwuchs muss elendiglich verhungern.

Zum Glück gibt es aber Auswege aus diesem Dilemma. Beobachtungen haben gezeigt, dass Ottergruppen sich durchaus an Zuschauer gewöhnen, sofern diese sich an bestimmten Stellen am Ufer aufhalten. Besonders geeignet sind dafür Plattformen, Beobachtungstürme oder einfache Stege. Wichtig ist nur, dass der Bootsverkehr auf den Altarmen weitgehend unterbleibt oder auf ausgewiesene Zonen beschränkt wird. Flusswölfe brauchen große, ungestörte Uferbereiche mit Hochwald. Dort graben sie ihre Höhlen und wollen ihre Ruhe haben.

Nach dem Motto »Gefahr erkannt – Gefahr gebannt« wurden Faltblätter an die Touristen verteilt und Broschüren für die Touristenführer und Parkranger zusammengestellt. Trainingsseminare für die neue Form des *otter watching* wurden abgehalten, Informationstafeln aufgestellt und erste Beobachtungstürme errichtet. Für jeden wichtigen Altarm hat man Nutzungskonzepte entwickelt und Regeln aufgestellt. Der Erfolg war verblüffend: In Gruppen mit jahrelangen Ausfällen stellte sich regelmäßiger Nachwuchs ein. Aus scheuen, drohend schnaubenden Ottern wurden die Lieblinge der Touristen, Tiere, die sich sogar aus der Nähe bei ihrem natürlichen Verhalten beobachten ließen. Die Wahrscheinlichkeit, Flusswölfe zu Gesicht zu bekommen, stieg an manchen Seen von 10 auf 80 Prozent. Die Otterbestände nahmen kontinuierlich zu. Riesenotter wurden zu Werbeträgern, ihr Konterfei schmückt inzwischen Hotelzimmer, T-Shirts, Briefmarken, Boote. Sie wurden sogar zum Logo-Tier von Reiseveranstaltern.

Am Lago Sandoval, einem beliebten Ausflugsziel in der Nähe der Distrikthauptstadt Puerto Maldonado, konnten aus bescheidenen Eintrittsgeldern in kürzester Zeit 100 000 Dollar pro Jahr für den Naturschutz gewonnen werden. Die Stars dieses Sees sind, wie Umfragen immer wieder bestätigten, die Riesenotter. Schulkinder, die die Seeufer früher am Wochenende zu Hunderten in einen lärmenden Freizeitpark verwandelten, werden heute in ein spezielles Lernprogramm eingebunden, zu dem Unterrichtseinheiten und geführte Exkursionen gehören. Über tausend Kinder pro Jahr nehmen daran teil, und die meisten sehen dort zum ersten Mal einen Riesenotter.

In mehrtägigen Kursen bilden Jessica und Frank Touristenführer aus und fördern so einen otterfreundlichen Tourismus.

Das Sammeln von Paranüssen gehört zur traditionellen und nachhaltigen Nutzung im Regenwald. Paranüsse wachsen nur in Primärwäldern gut, und deshalb treten die *Castañeros,* die Nusssammler, auch für die Erhaltung des Waldes ein.

Beim Goldwaschen wird zum Schluss Quecksilber eingesetzt, um den feinen Goldstaub vom Sand zu trennen. Tonnenweise vergiftet es die Flüsse und schädigt Menschen und Tiere.

Die Zukunft der letzten Waldindianer und der Schatzkammer Regenwald hängt in erster Linie davon ab, wie viel Lebensraum wir bereit sind in Schutzgebieten zu sichern.

Wir könnten noch viel lernen von den Machiguenka-Indianern und den vielen anderen Ethnien des Regenwaldes. Ihrer Kultur sollte unsere Sorge genauso gelten wie dem Lebensraum, dem sie entstammen.

Drama oder Happy End am Rio Manu?

Das Otterschutzprojekt wuchs über die Jahre zu einem großen Regenwaldprojekt heran. Gemeinsam mit Spezialisten aus Lima gibt die ZGF jetzt regelmäßig Berichte zum Zustand des Waldes heraus. Satellitendaten liefern die Grundlage dafür und zeigen die Rodungsgebiete. Gezielte Patrouillen und Expeditionen geben anschließend Gewissheit und liefern Detailinformationen. Für die chronisch unterfinanzierten Schutzgebiete entwickelte man ein Infrastruktur- und Wartungsprogramm, das zur Folge hat, dass das wenige Geld effektiver eingesetzt wird und dank gut geplanter Vorsorge Außenbordmotoren funktionieren und die Dächer der Rangerposten nicht lecken. In Managementplänen werden die Schutzgebiete in unterschiedliche Zonen unterteilt und Ziele für den Naturschutz festgelegt. In Gebietsplänen sind Verhaltensregeln für einzelne Regionen festgeschrieben.

Obwohl diese Erfolge Mut machen, wächst dennoch die Gefahr für die Schatzkammer Regenwald, auch im Südosten Perus. Mit dem hohen Goldpreis ziehen Tausende neuer Schürfer an die Flüsse, entsprechend steigt die Quecksilberbelastung. Durch die hohen Erträge wird Geld für neue Investitionen frei. Große Frontlader ersetzen Schubkarre und Schaufel. Flussauen werden zu Mondlandschaften. Die Explosion des Rohöl- und Gaspreises veranlasst Ölfirmen, längst wegen mangelnder Rentabilität aufgegebene Konzessionen zu reaktivieren und neue Suchtrupps in die Wälder zu entsenden. Die ungebrochene Nachfrage nach Mahagoni treibt Holzfäller in die Nationalparks und Indianerschutzgebiete. Auch hier reichen die Erträge aus, um Sägetrupps wochenlang in den entlegensten Wäldern arbeiten zu lassen, das zu Balken gesägte Holz mit dem Flugzeug abzutransportieren und dazu noch staatliche Stellen zu schmieren, damit das geschützte Mahagoni mit »legalen« Papieren das Land verlässt. Mit der für 2009 geplanten Fertigstellung der Interoceanica, der rund 2600 Kilometer langen Straße, die quer durch das grüne Herz Südamerikas vom Atlantik zum Pazifik verläuft, wächst die Gefahr großer Rodungen, die Gefahr, dass Ackerbau und Viehzucht übermäßig zunehmen und womöglich Sojaplantagen brasilianischen Ausmaßes entstehen.

Der Sündenfall im südamerikanischen Garten Eden hat längst begonnen. Um zu verhindern, dass auch der Rio Manu oder Purus zum Schauplatz einer Tragödie wird, sind große Anstrengungen nötig. Und nicht nur in einem der am besten bekannten Riesenottergebiete Südamerikas muss alles getan werden, damit die Flusswölfe nicht doch noch von der Bühne verschwinden. Nur wenn es gelingt, die fortschreitende Zerstörung der tropischen Wälder zu stoppen, kann es für die anspruchsvollen Wassermarder eine Zukunft geben. Nur dann wird es auch in ferner Zeit für einen frühmorgendlichen Beobachter, der von Nebelschwaden umhüllt am Ufer eines einsamen Altarms steht, noch heißen: Vorhang auf für die Flusswölfe!

Fragen an

Prof. Dr. John Terborgh, Direktor des Center for Tropical Conservation, Duke University, Durham, North Carolina

Warum ist die Goldgewinnung so problematisch? Anderswo werden doch auch Bodenschätze ausgebeutet.

Gold ist in Amazonien als feiner Staub in Flusssedimenten enthalten. In aufwendigen Waschvorgängen wird es angereichert. Die Trennung vom Sand erfolgt im letzten Schritt mit Hilfe von Quecksilber. Das bindet das Gold und verdampft später beim Erhitzen. Auf diese Weise gelangen Tonnen von Quecksilber in die Umwelt. Da es sich in den Organismen anreichert, verschwindet es praktisch nicht mehr. Quecksilberverbindungen sind starke Umweltgifte und schädigen zum Beispiel das Nerven- oder das Immunsystem. Außerdem zerstören Goldwäscher die Flusssedimente, roden den Wald in Ufernähe und leben von Wildtieren. Gold findet zu drei Vierteln als Währungsreserve und Schmuck Verwendung, der technische Einsatz ist gering. Die Goldreserven der Deutschen Bank in Frankfurt liegen bei 3427 Tonnen. Wir fördern also Gold unter enormen Umweltbelastungen, nur um es später in Tresore zu legen. Eigentlich bräuchten wir gar kein neues Gold mehr, und die Natur könnte geschont werden.

Peru hat 15 Prozent der Landesfläche als Schutzgebiet ausgewiesen. Kann sich ein so armes Land einen solchen Luxus leisten?

Sind 15 Prozent Luxus? Die Alternativen im Regenwald sind Rodung für Viehhaltung und Ackerbau, Holzgewinnung oder die Ausbeutung von Bodenschätzen. Und der Wald ist ein enorm wichtiger Klimafaktor. Er bindet Kohlendioxid, reguliert den Wasserhaushalt und beherbergt den Großteil aller Tier- und Pflanzenarten der Welt. Je stärker die biologische Vielfalt zurückgeht, desto bedeutsamer werden diese Räume mit derart geballter Vielfalt. Der Wert des lebenden Waldes und seine Bedeutung für die Umwelt sind viel höher einzuschätzen als der Wert des Holzes oder der frei werdenden Flächen. Zudem sind die Böden sehr karg und nehmen kaum Dünger auf, die Landwirtschaft funktioniert also nur wenige Jahre. Die nachhaltige Nutzung der Regenwälder gelingt nur in ganz geringem Ausmaß. Die Indianer mit ihrer extrem geringen Siedlungsdichte haben es uns vorgemacht. Die letzten Wildnisgebiete bergen auch ein touristisches Potenzial. Für Peru sind die Schutzgebiete kein Luxus, sondern überlebensnotwendig. Allerdings hat Peru viel zu wenig Geld, um diese Gebiete auch wirklich zu sichern, und braucht dafür Hilfe von außen.

Was kann ich als Verbraucher zum Schutz der Regenwälder tun?

Natur- und Umweltschutz ist immer von politischen Entscheidungen abhängig. Das bedeutet, wir können in demokratischen Ländern mit unserer Wählerstimme auch die Richtung solcher Entscheidungen beeinflussen. Ganz konkret gilt, dass man auf Tropenholz verzichten sollte. Wenn es dann doch unbedingt Tropenholz sein muss, sollten man nur Holz und Holzprodukte mit dem FSC-Siegel kaufen. FSC steht für Forest Stewardship Council und gewährleistet zurzeit den besten Standard bei der Holzgewinnung. Und schließlich brauchen Naturschutzorganisationen Spenden, um ihre wichtige Arbeit vor Ort tun zu können.

»Wenn ein Löwe im rötlichen Morgenlicht aus dem Gebüsch tritt und dröhnend brüllt, dann wird auch Menschen in fünfzig Jahren das Herz weit werden.« BERNHARD GRZIMEK, 1959

Die natürlichen Ressourcen für die Zukunft bewahren

Zu Beginn des neuen Jahrtausends haben weit über 2000 Wissenschaftler »Kassensturz« gemacht. Sie haben ermittelt, wie sehr die Leistungsfähigkeit der Natur von den vielfältigen Bedürfnissen der Menschen beansprucht und wie weit dieses Kapital heruntergewirtschaftet wurde. Nicht eine neue rote Liste gefährdeter Tiere und Arten war das Ziel, auch nicht die Ermittlung des Bestands der Arche Noah Erde oder seine Gefährdung. Diese Bestandsaufnahmen werden regelmäßig unter Federführung der World Conservation Union gemacht. Sie zeigen, dass die Gefährdung von Tieren und Pflanzen immer schneller voranschreitet – tausendmal schneller als über Jahrmillionen hinweg durch die Evolution. Das Ziel des Millennium Eco System Assessment war anspruchsvoller: Ermittelt und soweit möglich bewertet werden sollte, was die Ökosysteme für die Stabilität dieser Welt leisten, für das Wohl der Menschen, die Überwindung von Armut, den Zugang zu Wasser, die Beseitigung von Hunger – kurz: für die von den Vereinten Nationen definierten Millennium Development Goals.

Die Ergebnisse haben der Diskussion über die Erhaltung der Natur eine neue Richtung verliehen. Das Naturkapital hat um rund 40 Prozent abgenommen und steht der weiter wachsenden Weltbevölkerung nicht mehr als Grundlage für wirtschaftliche Perspektive und Stabilität zur Verfügung. Vielfalt und Leistungsfähigkeit der Natur sind verschwendet worden.

Wenn Güter und Leistungen frei verfügbar sind, besteht immer die Gefahr, dass sie übernutzt und sinnlos vergeudet werden. Welchen wirtschaftlichen Wert haben diese Ökosystem-Leistungen? Um die dringend notwendige »Reinvestition in Naturkapital« sicherzustellen, ist der Nachweis ganz wesentlich, dass das Naturkapital für die wirtschaftliche Entwicklung und die Überwindung von Armut knapp werden wird. Die traditionelle Vorstellung, dass wirtschaftliche Entwicklung vor allem Finanz- und Humankapital braucht, dazu die soziale Stabilität einer Gesellschaft, erweist sich zunehmend als ergänzungsbedürftig. Die Begrenzung der natürlichen Ressourcen – Wasser und Böden, Artenvielfalt, Atmosphäre und Ozeane – ist der kritische Engpass für das Turbowachstum der asiatischen Schwellenländer ebenso wie für alle Projekte zur Armutsbekämpfung in Afrika oder Lateinamerika.

Die Quantifizierung der Ökosystem-Leistungen ist zu Recht in den Fokus interdisziplinärer Forschung gerückt. So sind kanadische Forscher zu dem Ergebnis gelangt, dass die Ökosystem-Leistungen eines Feuchtgebietes für den Wasserhaushalt, den Hochwasserschutz, die Vermeidung von Erosion und die Sicherung genetischer Vielfalt dort pro Hektar mit über 6000 Dollar zu veranschlagen ist. Durch Umwandlung in eine landwirtschaftlich genutzte Fläche würde dieser Wert drastisch auf nur 2000 Dollar sinken.

Inzwischen wurden viele derartige Beispiele erarbeitet: Von der Bedeutung tropischer Regenwälder als Kohlenstoffsenke über den Stellenwert von Mangrovenwäldern und Korallenriffen als Hochwasserschutz und als Kinderstuben für Fische bis hin zur Erhaltung von Wassereinzugsgebieten am Oberlauf von Flusssystemen wurde nachgewiesen, dass eine Zerstörung natürlicher Stabilität, eine Verminderung von Vielfalt in der Natur auch ökonomisch nicht vertretbar, unsinnig und kurzsichtig ist. Reinvestitionen in den Naturhaushalt sind höchst rentabel. Daher sucht man nach geeigneten Strategien, um die Kosten des »Naturverbrauchs« in den Preis der jeweiligen Güter und Dienstleistungen einzubinden. So werden auch Einkommensmöglichkeiten für die Menschen erschlossen, die durch ihr Handeln, ihren Lebensstil und ihre Rücksichtnahme die Vielfalt bewahren und dadurch anderen Leuten wirtschaftliche Perspektiven geben.

Vielfalt der Natur ist immer auch Vielfalt genetischer Ressourcen. Diese sind für wachsende Bereiche der Wissenschaft und Biotechnologieunternehmen Erkenntnis- und Forschungsgegenstand, aber auch Grundlage für Produktentwicklungen von der Medizin bis hin zur Bionik. Lösungsangebote der Natur stehen bisher kostenlos zur Verfügung. Bislang gibt es nur rudimentäre Ansätze, diejenigen Menschen an den materiellen Ergebnissen einer solchen Forschung und Entwicklung zu beteiligen, deren Rücksicht dazu beigetragen hat, diese genetische Vielfalt zu erhalten. Eine solche Beteiligung wird unter dem Stichwort »Access and Benefit Sharing on Genetic Resources and Indigenous Knowledge« immer stärker gefordert, vor allem in der »Konvention über biologische Vielfalt«. Denn das tradierte Wissen der einheimischen Bevölkerung über die Natur ist unbegrenzt und kostenlos zu haben, da es nicht durch ein System von Patenten und Betriebsgeheimnissen geschützt ist.

Sinnvolle Konzepte für diese Beteiligung sind ein wichtiges Instrument für eine Politik zur Erhaltung des Naturkapitals. In den hoch entwickelten Ländern ist es geradezu selbstverständlich geworden, Land- und Forstwirten sowie Grundbesitzern im Rahmen des sogenannten Vertragsnaturschutzes Leistungen für die Erhaltung der Natur zu vergüten. Das gleiche Prinzip sollte unmittelbar dazu führen, dass auch die bisher unentgeltlich erbrachten Leistungen der Ärmsten der Armen in den Entwicklungsländern für genetische Vielfalt, Erhaltung des überlieferten Wissens und die Stabilisierung genetischer Vielfalt bezahlt werden. Diese Investitionen sollten auch direkt aus den Investitions- und Kostenbudgets der nutzenden Wirtschaft kommen. Sie sind Zahlungen für Leistungen, keine mildtätigen Gaben. Ihre Bedeutung für das Selbstbewusstsein und die Leistungsbereitschaft vieler Menschen in den Entwicklungsländern kann gar nicht hoch genug angesetzt werden. Damit wird die ursprünglich nur ökonomisch ausgerichtete Argumentation schnell höchst bedeutsam für die soziale Dynamik der globalen Zusammenarbeit von Gesellschaften. Schließlich sind es in erster Linie der von den hochentwickelten Ländern verursachte Klimawandel und die durch den globalen Handel und weltweiten Tourismus eingeschleppten Spezies, die die Artenvielfalt und die Leistungsstabilität von Ökosystemen gefährden.

Diese Konsequenzen machen das Millennium Eco System Assessment so außerordentlich wichtig. Es bedarf gesellschaftlicher und politischer Entscheidungen, um auch die knappen Güter und Dienstleistungen richtig wertzuschätzen, die gegenwärtig so selbstverständlich als kostenlos nutzbare, unbegrenzte Ressourcen betrachtet werden.

Professor Dr. Klaus Töpfer

Grzimeks Erben

Die Zeit bleibt nicht stehen, und die Herausforderungen bei der Erhaltung der letzten Wildnisgebiete unseres Planeten werden immer komplexer. Und so haben sich auch einige der Personen, die uns in den Kapiteln dieses Buches begegnen, privat und beruflich verändert. Diese »Erben Grzimeks« werden hier kurz genannt – stellvertretend für zahlreiche Naturschützer auf der ganzen Welt.

Dr. Markus Borner | Serengeti National Park, Tansania

Seit November 1977 arbeitet der Schweizer für die ZGF. Bernhard Grzimek hatte ihn damals nach Rubondo geschickt, um den jungen Nationalpark aufzubauen. Mit seiner Frau und zwei Kleinkindern zog er auf die kleine Insel im Viktoriasee, die damals über keinerlei Infrastruktur verfügte. 1984 wechselte Borner mit seiner Familie von Rubondo in den Serengeti-Nationalpark, wo er den Auftrag bekam, die Basis der ZGF aufzubauen. Seitdem arbeitet und lebt er in Seronera, im Herzen des Nationalparks, von wo aus mittlerweile das gesamte Afrikaprogramm der ZGF koordiniert wird. Er war Mitglied des Vorstandes der Nationalparkbehörde Tanzania National Parks und gehört zahlreichen anderen internationalen und tansanischen Gremien an.

Alastair Nelson | Bale Mountains National Park, Äthiopien

Der in Südafrika aufgewachsene Brite hat viel Erfahrung mit Naturschutz in afrikanischen Ländern. Er arbeitete in den verschiedensten Schutzgebieten in Südafrika, Mosambik, Kenia, Botsuana und Äthiopien, bevor er Projektleiter der ZGF in den Bale-Bergen wurde. Drei Jahre lang baute er das Bale Mountains Conservation Project im Hochland Äthiopiens auf, Anfang 2007 wechselte er in die Serengeti. Dort koordiniert Nelson für die ZGF mittlerweile zwei große Ökosystemprojekte.

Elsabe und Hugo van der Westhuizen | North Luangwa National Park, Sambia

Neun Jahre lang haben die beiden Südafrikaner das North Luangwa Conservation Project geleitet und die Rückkehr der Nashörner nach Sambia vorbereitet. Mit ihren beiden Kindern Marileen und Louise lebten sie in Marula-Puku mitten in der Wildnis des Nationalparks. Mittlerweile haben sich Elsabe und Hugo van der Westhuizen im Namen der ZGF einer neuen Herausforderung zugewandt, der Entwicklung des Gonarezouh-Nationalparks in Simbabwe.

Robert Muir | Virunga National Park, Demokratische Republik Kongo

Der junge Brite lebt und arbeitet seit 2004 in einem der schwierigsten und unsichersten Projektgebiete der ZGF. Muir stammt aus einer Familie mit militärischer Tradition und versteht es, sein Wissen auf diesem Gebiet, gepaart mit diplomatischem Geschick, für den Naturschutz in Virunga einzusetzen. Die politischen Unruhen im Ostkongo gefährden immer wieder aufs Neue den Erfolg seiner bisherigen Arbeit.

Dr. Peter Pratje | Bukit Tigapuluh National Park, Sumatra

1998 führte der Biologe für die ZGF eine Machbarkeitsstudie durch, um potenzielle Standorte für eine Auswilderungsstation für konfiszierte Orang-Utans auf Sumatra zu finden. Als sich Bukit Tigapuluh als idealer Standort herausstellte, begann Pratje mitten im Dschungel mit dem Aufbau der Station, die er seitdem leitet. Bukit Tigapuluh hat heute eine kleine, aber kontinuierlich wachsende Population wild lebender Orang-Utans.

Tilo Nadler | Cuc Phuong National Park, Vietnam

Der aus Dresden stammende Tilo Nadler ist seit 1993 für die ZGF in Vietnam tätig. Er hat das Projekt zum Schutz der seltenen vietnamesischen Languren auf- und über die Jahre hinweg beträchtlich ausgebaut. Für sein Engagement erhielt er zahlreiche Auszeichnungen, unter anderem wurde er als erster Ausländer in Vietnam zum »Helden der Arbeit« ernannt.

Jessica Groenendijk und Frank Hajek | Manu National Park, Peru

1998 übernahmen die Holländerin Jessica Groenendijk und der Peruaner Frank Hajek ein Projekt zum Schutz und zur Beobachtung der Riesenotter im Manu-Nationalpark in Peru. Im Lauf der Jahre bauten sie es zu einem großen Projekt aus, das heute weit mehr als den Schutz der Riesenotter umfasst und dessen Fokus auf der Erhaltung der Tieflandregenwälder am Ostabhang der Anden liegt. 2006 wechselte das Paar mit seinen beiden kleinen Kindern nach North Luangwa in Sambia und leitete das dortige ZGF-Projekt bis Anfang 2008.

Dr. Graham Watkins | Galapagos National Parks, Ecuador

Der in Guyana geborene Brite leitet die Charles-Darwin-Forschungsstation auf Galapagos seit 2005 als Geschäftsführer. Als Ökologe arbeitete er zuvor in verschiedenen Regionen Südamerikas und sammelte reichlich Erfahrung mit dem Management von Schutzgebieten. Galapagos kennt er bereits seit den 1980er Jahren sehr gut. Jetzt steht er vor der großen Aufgabe, mit seinem Institut zur Lösung der drängenden Probleme beizutragen, vor denen die Galapagos-Inseln heute stehen.

Dr. Hans Frey | Bartgeier-Wiederansiedlung, Österreich

1978 nahm Hans Frey eine Aufgabe in Angriff, die 30 Jahre später eines der erfolgreichsten Wiederansiedlungsprojekte sein sollte: die Rückkehr des Bartgeiers in die europäischen Alpen. Der Veterinärmediziner forscht und arbeitet am Institut für Parasitologie und Zoologie der Universität Wien und leitet zusätzlich die Eulen- und Greifvogelstation Haringsee, wo er und sein Team sich auch um die Pflege verletzter, kranker oder verwaister Eulen und Greifvögel kümmern. Dort, im Richard-Faust-Bartgeier-Zuchtzentrum Haringsee, wachsen junge Bartgeier auf, die später ausgewildert werden.

Hubertus Meckelmann | Truppenübungsplätze Brandenburg, Deutschland

Der Forstwirt und passionierte Jäger lebt seit 1978 in Potsdam. Nach dem Studium der Forstwirtschaft und Verwaltungswissenschaft arbeitete er in der Bezirksnaturschutzbehörde in Potsdam, später in der Abteilung Naturschutz des brandenburgischen Umweltministeriums. Nach der Wende wurde er 1997 Aufbauleiter und später Leiter des Naturparks Nuthe-Nieplitz. Als Vorstandsvorsitzender der Stiftung Naturlandschaften Brandenburg engagiert sich Meckelmann dafür, die Einzigartigkeit und Unberührtheit der großen zusammenhängenden Wildnisflächen ehemaliger Truppenübungsplätze zu erhalten und erlebbar zu machen.

Die Fotografen

Der Mensch ist ein visuelles Wesen. Um Menschen zu begeistern für die Schönheit, aber auch zu sensibilisieren für die Verwundbarkeit unserer natürlichen Umwelt, um ihnen in Bildern vor Augen zu führen, was biologische Vielfalt bedeutet – dafür benötigt man gute Fotos. Dankenswerterweise haben eine Reihe international renommierter Tier- und Naturfotografen der ZGF Bilder zur Verfügung gestellt und auf diese Weise dazu beigetragen, das Abenteuer und die Herausforderung Naturschutz sichtbar zu machen. Herzlichen Dank an die Fotografinnen und Fotografen

Anup und Manoj Shah
André Bärtschi
Tui de Roy
Heidi Snell
Norbert Guthier
Martin Harvey
Bernd Jonkmanns
Carsten Braun

Zum Bildmaterial des Buches haben außerdem beigesteuert die ZGF-Mitarbeiter Dr. Christof Schenck, Elsabe van der Westhuizen, Peter Pratje, Felix Borner, Jessica Groenendijk, Dagmar Andres-Brümmer, Alastair Nelson, Robert Muir, Susanne Schick und Klaus Kallenbach.

Mit Bildmaterial unterstützt haben uns weiterhin: Charles Darwin Foundation, Helmut Neubüser, Hessischer Rundfunk, Klaus Robin, Bildagentur Okapia, Alica Naimark, Stefan Lötters.

Die Zoologische Gesellschaft Frankfurt – Naturschutz mit Tradition

1857
Frankfurter Bürger tun sich zusammen, um in ihrer Stadt einen Zoo zu etablieren, und gründen dazu ein Komitee. Der Frankfurter Senat genehmigt im Oktober 1857 die Ausgabe von Aktien zum Zweck der Gesellschaftsgründung.

1858
Am 7. März wird die Aktiengesellschaft Zoologische Gesellschaft Frankfurt a. M. rechtsgültig, der Gesellschaft gehören die Aktionäre an. Bereits im August wird ein Probezoo an der Bockenheimer Landstraße in Frankfurt eröffnet. Damit will man testen, ob eine solche Einrichtung in der Stadt Bestand haben kann. Dieser Zoo ist nach dem in Berlin der zweite in Deutschland.

1872
Der Zoo hat sich bewährt, nun will man an einen besseren Standort umziehen. Dazu wird die Neue Zoologische Gesellschaft gegründet, sie bewerkstelligt den Umzug und die Neueinrichtung des Zoos an der Pfingstweide (heutiger Standort).

1874
Nach rund anderthalb Jahren Bauzeit wird der neue Zoo im März 1874 eröffnet.

1915
Die Einnahmen gehen in den Kriegsjahren rapide zurück, die Neue Zoologische Gesellschaft kann den Zoo allein mit ihren Mitteln nicht mehr tragen und wird aufgelöst. Der Zoo geht an die Stadt Frankfurt über.

1950
Zoodirektor Bernhard Grzimek und andere Frankfurter Prominente gründen den Verein »Gesellschaft der Freunde des Zoologischen Gartens e. V.«, um Spenden für den Wiederaufbau des im Krieg völlig zerstörten Zoos akquirieren zu können.

1958
Der Verein wird umbenannt und bekommt wieder den traditionsreichen Namen der ursprünglichen Gesellschaft: Zoologische Gesellschaft Frankfurt. Zunehmend verwendet Grzimek nun auch Mittel des Vereins für den Naturschutz in Afrika.

1959
Bernhard Grzimek gründet im Namen der ZGF die Sammlung »Hilfe für die bedrohte Tierwelt« für die Wildtiere in Afrika, für die er ab sofort in jeder seiner Fernsehsendungen um Spenden bittet.

1962
Der Naturschutz wird neben der Förderung des Frankfurter Zoos offiziell zweites Satzungsziel der Gesellschaft. Von da an wächst die Menge der Projekte, die von der ZGF in aller Welt gefördert werden, kontinuierlich.

2001
Aus dem von Bernhard Grzimek 1959 ins Leben gerufenen Spendenkonto geht die gleichnamige Stiftung hervor. Die Stiftung »Hilfe für die bedrohte Tierwelt« zählt heute zu den großen Naturschutzstiftungen in Deutschland.

2008
150 Jahre nach ihrer Gründung ist aus der einstigen Zooträger-Gesellschaft eine international agierende Naturschutzorganisation geworden, die rund 80 Projekte in 30 Ländern fördert bzw. betreibt. Aus dem Engagement zum Schutz einzelner bedrohter Arten ist ein komplexes Programm zur Erhaltung der biologischen Vielfalt auf unserer Erde geworden.

Bildnachweis

Fotos in Bildleisten sind (von links nach rechts) mit den Buchstaben a–d gekennzeichnet.

Dagmar Andres-Brümmer: 11a
André Bärtschi: 5d, 11b, 12b, 15, 202/203, 206/207, 208a,b, 209, 210, 211, 212a–c, 213a–c, 214, 215a–d, 216/217, 218a,b, 219, 220a,b, 221, 222a–d, 223a–d, 224
Felix Borner: 32a,b
Carsten Braun: 108/109, 114, 115, 124, 138, 139a–d, 140/141, 142a,b
Charles Darwin Foundation: 199a
Jessica Groenendijk: 60a,b
Norbert Guthier: 4b, 5a, 10a,c,d, 11c, 12c, 13d, 14a,b, 25a–c, 36a,b, 45a,b, 46a,b, 47a,b, 52a–c, 53a–c, 54a,b, 78/79, 80a,b, 81, 83a, 86a–d, 88a–d, 102/103, 104a–c, 105a,b, 106a,b, 112a, 113, 117a,b, 118a–d, 119a–d, 123, 126/127, 130/131, 132a,b, 133, 136, 162/163, 166a,b, 167, 168/169, 170, 171a–c, 172a–d, 173a–d, 174a,b, 175, 176, 177a–c, 178
Martin Harvey: 4c,d, 13c, 61, 66/67, 84/85, 87, 90/91, 95, 98/99, 100a,b, 101a–d, 116
HR: 20a,b
Bernd Jonkmanns: 152, 153, 154a–d, 155a–d, 157b,c
Klaus Kallenbach: 151d
Dr. Stefan Lötters: 100d
Okapia: 4a,16/17, 18, 21a, 22/23, 24a–c, 27, 40a–d, 41, 42a,b, 44, 82a, 120/121, 134/135, 144/145, 151a–c
Dr. Peter Pratje: 5b
Alica Naimark: 150
Alastair Nelson: 94a,b, 100c
Helmut Neubüser: 21b
Robert Muir: 83b
Klaus Robin: 112b, 122a,b
Tui de Roy: 5c, 186a, 187c, 191, 192,193a–d, 194a,b, 195, 199b
Dr. Christof Schenck: 10b, 11d, 12d, 56/57, 65, 68a–d, 69d, 72a–c, 96, 97a–d, 157a, 180/181, 185, 186b,c, 187a,b, 190a,b, 196, 197a,b, 198a–c
Susanne Schick: 137
Anup und Manoj Shah: 12a, 13a,b, 28/29, 33, 34/35, 37a,b, 38/39, 43, 48a–d, 49a–d, 50/51, 62/63, 70/71, 74/75, 82b, 148a,b, 149, 156, 158/159, 160a,b
Heidi Snell: 184, 188/189, 199c, 200
Elsabe van der Westhuizen: 64, 69a–c

Ein Buch der Partner FREDERKING & THALER und GEO

Die Deutsche Bibliothek verzeichnet diese Publikation in der Deutschen Nationalbibliografie; detaillierte bibliografische Daten sind im Internet über http://dnd.ddb.de abrufbar.

Herausgeber: Zoologische Gesellschaft Frankfurt
Texte: Dagmar Andres-Brümmer (Grzimek, Serengeti, North Luangwa, Virunga, Brandenburg), Dr. Christof Schenck (Biodiversität, Bale Mountains, Bartgeier, Bukit Tigapuluh, Galapagos, Manu und Purus), Dr. Antje Müllner (Vietnam)
Fotos: Siehe Bildnachweis
Coverbild: Mitsuaki Iwago/Minden Pictures

Mit einem Vorwort von Erika und Christian Grzimek und einem Nachwort von Prof. Dr. Klaus Töpfer

Lektorat: Irene Rumler, München
Layout, Umschlaggestaltung, Satz und Herstellung: Büro Sieveking, München
Karten: Heidi Schmalfuß, München
Reproduktion: Lorenz & Zeller, Inning am Ammersee
Druck und Bindung: Tlaăiarne Banská Bystrica
Printed in the Slovak Republic

ISBN 978-3-89405-676-6